# VORWORT

Während in früheren Zeiten nur langsam und selten Entdeckungen erfolgten, die den Schleier der Naturgeheimnisse etwas lüfteten und zu umwälzenden neuen technischen Anwendungen führten, sind wir in moderner Zeit schon bei einem Eiltempo angelangt, so sehr, daß heute bereits fast Selbstverständlichkeit ist, was gestern noch für den Laien unvorstellbares Wunder war. Das birgt aber die Gefahr in sich, daß man gegen eine wunderbare Erfindung gleichgültig wird, wie wir Radiopioniere in der Schweiz es besonders derb an eigner Haut erfahren konnten. Doch „das Wundern (Schaudern) ist der Menschheit bestes Teil", und daß sie daraus nicht heraus kommt, dafür sorgen auch die bedeutsamen neuen Geschehnisse auf dem Gebiete des „Radio" (oder „Rundfunk", wie man meistens in Deutschland sagt), mit denen sich das vorliegende Werkchen befaßt.

Das Radio ließ zum erstenmal weiteste Kreise die Erkenntnis gewinnen, daß wir heutzutage es verstehen, in eminenter Weise unseren Gehörsinn zu verfeinern und zu erweitern (was ja überhaupt der Sinn und Zweck aller Instrumente und Apparateanordnungen ist), indem wir Schallschwingungen von einfachster bis zu kompliziertester Zusammensetzung drahtlos an einen entfernten Ort übertragen und daselbst im Empfänger wieder hörbar machen. Man spricht im Rundfunk von akustischer Modulation, indem man durch ein Mikrophon, analog wie beim Drahtfernsprecher, die Sprach- und Tonschwingungen in schwankende elektrische Ströme verwandelt und durch diese (nach gehöriger Verstärkung) den Sender steuert, d. h. ihn zu schwankenden Ausstrahlungen veranlaßt, gewissermaßen dosiert durch das Sprechen, Singen und Musizieren. Gleichzeitig sprechen wir jetzt plötzlich mit Lichtgeschwindigkeit, nämlich mit der fabelhaften Geschwindigkeit von 300000 Kilometer in 1 Sekunde, mit der, wie beim Licht, auch die elektromagnetischen Wellen des Radio dahinrasen, auf ihrem Rücken quasi die Worte und Töne tragend, die dann der Radioapparat an der Empfangsstelle wieder als solche reproduziert. Die normale Schallgeschwindigkeit in Luft ist bekanntlich nur etwa 300 Meter (genauer Wert 340 m in trockner Luft von 16⁰ C) in 1 Sekunde. Es liegt nahe, eine solche Ausdehnungsmöglichkeit der Wahrnehmungen auch für das Auge zu probieren, nämlich durch eine optische Modulation analog der akustischen, mit dem Endziel eines drahtlosen Fernsehens, der Television.

In der Erforschung dieses Weges ist man in Deutschland allen anderen Ländern ein gutes Stück voraus, ebenso in der praktischen Anwendung. Schon seit dem 19. März d. J. gibt der Sender in München täglich von 12 Uhr bis 12 Uhr 4 Min. 30 Sek. M. E. Z. nach dem System von Prof. Dr. Max Dieckmann die Wetterkarte, gelegentlich auch ein Strichbild in der Zeit zwischen 11 Uhr 50 Min. und 12 Uhr, alles auf der üblichen Rundfunkwelle von 485 Meter, und die Bildzeichen mit einem Ton von ca. 600–700 Schwingungen pro Sekunde moduliert. Ferner ist der verdienstvolle Gründer und amtliche Leiter des von ihm unermüdlich geförderten Deutschen Rundfunks, Staatssekretär a. D. (heute Rundfunk-Kommissar des Reichspostministers) Dr.-Ing. h. c. H. Bredow, mit den Vorarbeiten der Inbetriebnahme eines speziellen Bildfunk-Senders in Berlin nach dem neuen epochemachenden System von Dr. Karolus-Telefunken beschäftigt, von dem auf der 3. großen Funkausstellung in Berlin im September zum erstenmal die neuesten Apparatsätze gezeigt werden. Dadurch soll allen Funkfreunden Gelegenheit gegeben werden, die Versuche der drahtlosen Bildübertragung selbst zu verfolgen, und man hofft, daß durch diese Verpflanzung der Versuche aus dem Studierzimmer und dem Laboratorium der Gelehrten und Ingineure in die breite Öffentlichkeit die Lösung der mit einem Bildrundfunk verknüpften Probleme stark gefördert werden wird.

Das vorliegende Büchlein beschränkt sich deshalb absichtlich auf die neueren deutschen Arbeiten. Wer sich für die gesamte historische Entwicklung interessiert, der sei besonders verwiesen auf das große im Verlag von Otto Nemnich, Leipzig, erschienene „Handbuch der Phototelegraphie und Telauto-

# WETTERFUNK
# BILDFUNK
# TELEVISION
## (DRAHTLOSES FERNSEHEN)

VON

Dr. GUSTAV EICHHORN
ZÜRICH

1926
Springer Fachmedien Wiesbaden GmbH

ISBN 978-3-663-15189-0  ISBN 978-3-663-15752-6 (eBook)
DOI 10.1007/978-3-663-15752-6

ALLE RECHTE,
EINSCHLIESSLICH DES ÜBERSETZUNGSRECHTS, VORBEHALTEN.

graphie" von Prof. Dr. Arthur Korn und Prof. Dr. Bruno Glatzel (der ja leider auch zu den Opfern des Weltkrieges gehört). Von weiteren allgemeinen Darlegungen seien genannt: Prof. Korn „Bildtelegraphie" (Sammlung Göschen, Heft 873, Verlag Walter de Gruyter & Co., Berlin und Leipzig 1923); Dr. Robert Pohl „Die elektrische Fernübertragung von Bildern" (Verlag Fr. Vieweg & Sohn, Braunschweig, als Heft 34 der Sammlung „Die Wissenschaft"); Regierungsrat u. Mitglied des Reichspatentamts Dr. Walter Friedel „Elektrisches Fernsehen, Fernkinematographie u. Bildfernübertragung" (Verlag Hermann Meusser, Berlin 1925) und Dipl.-Ing. Gerhard Fuchs „Die Bildtelegraphie" (Verlag von Georg Siemens, Berlin 1926), wo auch eine Literatur-Zusammenstellung zu finden ist. Im Text werden wir noch auf spezielle Veröffentlichungen hinweisen.

Für freundliche Überlassung des Illustrationsmaterials und der Patentschriften spreche ich auch an dieser Stelle Herrn Prof. Dr. Max Dieckmann, Leiter der Drahtlostelegraphischen u. luftelektrischen Versuchsanstalt in Gräfelfing bei München, und der Telefunken-Gesellschaft für drahtlose Telegraphie in Berlin meinen besten Dank aus, ferner Herrn Prof. Dr. Karolus für Hinweise auf neuere Veröffentlichungen, und last not least dem Verlag B. G. Teubner für die prompte Herausgabe und sehr gediegene Ausstattung des Büchleins, das ohne besondere Ambitionen sich an weiteste Kreise der Funkfreunde wendet, um ihnen einen raschen anschaulichen Überblick über die erfolgreiche Weiterentwicklung des Rundfunks zum Bildfunk in Deutschland zu geben.

Zürich, im August 1926.                               G. EICHHORN.

# INHALTSVERZEICHNIS

|   | Seite |
|---|---|
| Vorwort | III |
| Einleitung | 1 |
| Telautographische Methode | 2 |
| WETTERFUNK nach Prof. Dieckmann | 7 |
| Reliefmethode. Statistische Methode | 27 |
| Methode der lichtempfindlichen Zellen: | 31 |

    Selenzellemethode nach Prof. Korn
    Photozellemethode

| | |
|---|---|
| BILDFUNK (Prinzip) | 40 |
| System Prof. Karolus-Telefunken | 43 |

    Sender: Photozelle und Schaltungsanordnungen
    Empfänger: Kerr-Karolus-Zelle und Schaltungsanordnungen
    Synchronisierung. Atmosphärische Störungen
    Nachtrag: Wissenschaftlich-technische Details über die Telefunken-Photozelle und die Karoluszelle

| | |
|---|---|
| DAS FERNSEHEN (Television) | 67 |

    Prinzip und Aussichten des Problems
    System Prof. Karolus-Telefunken
    System Prof. Dieckmann

| | |
|---|---|
| Schlußwort | 82 |

# Einleitung.

Ein Bild mit oder ohne Draht in die Ferne zu übertragen, erscheint zunächst dem Laien als ein sonderbares Unterfangen, und doch ist das Prinzip äußerst einfach. Der Apparat braucht nämlich das ganze Bild nicht auf einmal zu bewältigen, sondern sukzessive in zahlreichen kleinen Elementen etwa von Quadratmillimeter Größe, deren verschiedene Helligkeitswerte vermittels einer Drahtleitung oder elektromagnetischer Wellenzüge leicht übertragen werden können, wenn es gelingt, schwankende Lichtintensitäten in schwankende Telegraphierströme bzw. schwankende Wellenstrahlung am Sender, und umgekehrt im Empfänger zu verwandeln, oder wenn die Tönungen der Bildelemente als mehr oder weniger lange Unterbrechungen von Linienströmen bzw. Wellen konstanter Intensität innerhalb kleiner Zeitperioden zum Ausdruck kommen. — Um brauchbare Resultate zu erhalten in einer praktisch genügend kurzen Übertragungszeit, muß man natürlich automatische Methoden benutzen, bei welchen jede subjektive Helligkeitsmessung auszuschalten ist.

Wir haben es heutzutage im wesentlichen noch mit zwei Hauptverfahren zu tun: 1. die telautographische Methode, ein nur für Schwarz-Weiß-Bilder brauchbares Verfahren, das beruht auf der Umwandlung der Lichtschwankungen der Vorlage in Leitfähigkeitsschwankungen einer Nachbildung, deren Fläche durch einen darübergleitenden Kontaktstift abgetastet wird, und 2. die Phototelegraphie, bei der wir zwei Abtastarten unterscheiden, nämlich das Relief- und das Ableuchtverfahren, die für Schwarz-Weiß-, wie auch für getönte Bilder anwendbar sind. Beim Belinschen Reliefverfahren verwandelt man die Vorlage in ein ihren Tönungen entsprechendes Relief, über das ein Mikrophonhebelkontakt geführt wird, der die eintretenden Druckschwankungen in Stromschwankungen umformt. Das Ableuchtverfahren gliedert sich in die beiden Methoden der Selenzelle und der Photozelle, mit denen wir uns in diesem Buch hauptsächlich beschäftigen, und zwar speziell auf dem Gebiete der Radiotechnik.

Weitesten Kreisen bekannt geworden als deutscher Pionier auf diesem fesselnden Gebiete ist Prof. Arthur Korn; seine Arbeiten bezogen sich sowohl auf die Telautographie wie besonders auf die Phototelegraphie (und zwar mit und ohne Draht). Wir werden nur die letztere etwas ausführlicher rekapitulieren und beschränken uns bezüglich der Telautographie auf folgende Angaben.

## Telautographische Methode.

Bei den Telautographen, welche sich auf die telegraphische Übertragung von Schwarz- und Weiß-Bildern, im besonderen von Handschriften und Zeichnungen, beziehen, unterscheiden wir zwei Arten von Methoden: bei der einen wird die zu übertragende Handschrift oder Zeichnung fertig geschrieben an der Sendestelle verwandt und automatisch zum Empfangsort übertragen, es ist dies die Methode der sogenannten Kopiertelegraphen (Bakewell 1848); bei der zweiten Art wird die Handschrift oder die Zeichnung auf der Sendestelle selbst von dem Schreibenden oder Zeichnenden ausgeführt, und die Bewegung der Feder löst dabei die telegraphischen Zeichen aus, welche am Empfangsort zur Reproduktion der Handschrift oder der Zeichnung verwandt werden; es ist dies die Methode der sogenannten Fernschreiber. Nach dem telautographischen Prinzip lassen sich aber auch Photographien übertragen, nämlich als Rasterbilder[1]) in nichtleitender Materie auf Metall, ähnlich den Klischees von Autotypien. Zur Herstellung des Klischees wird die Originalphotographie durch einen Linienraster – d. h. eine von einer großen Zahl eng an-

---

1) Vgl. außer in vorerwähnter Literatur auch den Aufsatz „Bildtelegraphie" von Prof. Korn in „Deutsche Optische Wochenschrift" Nr. 5 vom 7. Novbr. 1915/16. Die Zeitungen bedienen sich meist der Kreuzraster; für die Bildtelegraphie können nur die Linienraster verwandt werden, oder aber sogen. Kornraster, welche aus kleinen regelmäßig auf der Glasplatte verstreuten Pünktchen bestehen.

einanderliegender, paralleler eingeritzter gerader Linien durchzogene Glasplatte — auf eine mit Chromgelatine überzogene Metallfolie oder Metallplatte kopiert. Die belichteten Stellen werden für Wasser unlöslich, so daß nach dem Waschen nur die unbelichteten Teile in nichtleitender Materie (Chromgelatine) auf dem Metall zurückbleiben, während die belichteten Teile metallisch rein werden. Infolge von Beugungserscheinungen zeigen sich die Rasterlinien in der Kopie an den Stellen hellerer Tönung dünner als an den Stellen mit dunklerer Tönung, so daß die Tönung der Bildelemente bei diesen Rasterbildern durch die größere oder geringere Dicke der Rasterlinien zum Ausdruck kommt, welche das Bild zusammenzusetzen scheinen. Die Bildpunkte des Rasterbildes bestehen dann also nicht mehr aus Flächenelementen verschiedener Helligkeit, sondern aus schmaleren oder breiteren schwarzen (oder isolierenden) Partien auf weißem (oder metallischem) Grund. Zur telegraphischen Übertragung eines solchen Bildes läßt man nun eine Metallspitze über das Klischee gleiten, welche jedesmal einen Kontakt schließt, wenn die Spitze über eine leitende Stelle des Bildes hinweggleitet, während der Kontakt an einer nichtleitenden Stelle aufgehoben wird. Die Bewegung des Taststiftes geht zweckmäßig senkrecht zu den Rasterlinien vor sich, so daß dann Linienströme vom Geber zum Empfänger gesandt werden, welche an den nichtleitenden Stellen des Bildes entsprechend der Dicke der Rasterlinien unterbrochen werden. Durch die aufeinanderfolgenden Stromschlüsse und Stromunterbrechungen setzt sich also das Bild am Empfangsort dann wieder zusammen. Abb. 1 zeigt die schematische Darstellung dieser telautographischen Methode[1]) nach Prof. Korn, und Abb. 2 eine so übertragene Zeichnung. Dieselbe liefert ersichtlich scharfe Bilder, was allerdings dem Umstand mit zu danken ist, daß im Empfänger als registrierende Vorrichtung das Saitengalvanometer eingeführt wurde, dessen wesentlicher Vorteil darin besteht, daß man bei verhältnismäßig schwachen Linienströmen (mit denen

---

1) Nähere technische Angaben sind auch zu finden in zwei Artikeln des Verfassers in den Heften 8 und 9, 1913 der „Technischen Monatshefte" (Franckh'sche Verlagshandlung, Stuttgart), sowie in einer Abhandlung von Prof. Korn in Heft 6, Jahrg. 13 der „Verh. d. Physikal. Ges." 1911.

# Telautographische Methode

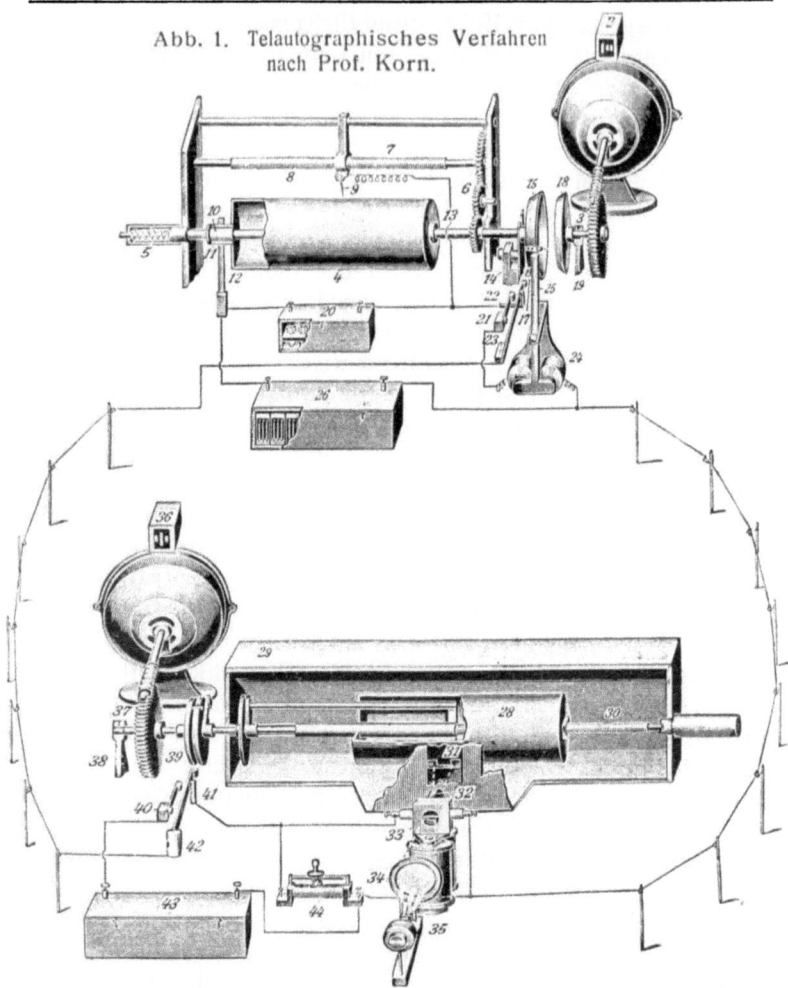

Abb. 1. Telautographisches Verfahren nach Prof. Korn.

4: Bildwalze im Geber, die durch einen Elektromotor in gleichförmige Rotation versetzt wird, 8/9: Taststift mit Vorrichtung für seitliche Verschiebung bei jeder Umdrehung des Zylinders, 28: der synchron mit Geberzylinder sich drehende Empfangszylinder, welcher sich bei jeder Drehung mit Hilfe einer Schraube auf der Achse, entsprechend der Zeilenhöhe, ein wenig in der Richtung der Zylinderachse verschiebt, 33: Saitengalvanometer und 35: Nernstlampe. Es wird das Licht der letzteren mit Hilfe der Linse 34 auf den Metallfaden des Galvanometers konzentriert und mit Hilfe einer zweiten Linse ein reelles Bild des Fadens auf einen Spalt geworfen, der in einem Ansatzrohre des im übrigen lichtdicht abgeschlossenen Empfangskastens angebracht ist. Der Schatten des Fadens verdeckt den Spalt, solange kein Strom vom Geber ankommt, während bei Eintreffen eines Stromstoßes der Schatten des Fadens die Öffnung frei gibt; dann dringt Licht in den Empfangskasten und wird noch einmal durch eine kleine Linse auf ein Element des Empfangsfilms gesammelt, wo es einen photographischen Eindruck macht.

Abb. 2. Übertragungsprobe.

man rechnen muß bei für Telephonkabel zulässigen Spannungen von nur 30 bis 60 Volt und den Leitungsverlusten bei größeren Entfernungen) weit mehr Zeichen in der gleichen Zeit registrieren kann, als mit den elektrochemischen und elektromechanischen Methoden der Kopiertelegraphen; es ist dadurch möglich, bei Stromstärken von 10 bis 20 Milliampere 1000 bis zu 2000 Zeichen in der Sekunde zu registrieren, was immerhin für ein Bild 13×18 cm, wie das reproduzierte, noch eine Übertragungszeit von 15 Minuten ergibt. Wir werden bei der Erörterung der Methode mit Selen im Geber noch näher hierauf zurückkommen. — Wie es die Erklärung zu Abb. 1 andeutet, wird also der Sendezylinder (Bildwalze) im Geber in engen Schraubenlinien abgetastet. An der Empfangsstation werden durch die ankommenden verschieden langen Telegraphierimpulse längere oder kürzere schwarze Striche erzeugt, die auf dem mit dem Sendezylinder synchron laufenden Empfangszylinder festgehalten und so in geordneter Reihenfolge zu einem Schwarz-Weiß-Bild zusammengesetzt werden.

Dieses Verfahren läßt sich nun ohne weiteres auch auf die drahtlose Telegraphie anwenden, da sie gleichfalls mit normalen Telegraphierimpulsen arbeitet, durch welche die volle Senderenergie getastet wird. Prof. Korn hat zusammen mit Prof. Glatzel schon 1913 eine derartige drahtlose Bildübertragung verwirklicht, indem am Sender ein Teil der Luftleiter-Selbstinduktion durch Parallelschaltung des Kontaktgebers kurzgeschlossen und so der Sender verstimmt wurde. Wer sich für die vorgeschlagenen und praktisch versuchten Methoden bis zur Anwendung der Elektronenröhre im Sender und Empfänger im einzelnen interessiert, sei auf die vorerwähnte Literatur verwiesen.

# WETTERFUNK

Wir wenden uns gleich der telautograpischen Methode zu die heute täglich für den Wetterfunk praktisch angewendet wird, nämlich von Prof. Dr. Max D i e c k m a n n, München, dessen Photo- und Funkbild in Abb. 3a und 3b wiedergegeben sind. Er stellte sich von Anfang an die einfache Aufgabe, nur rohe Skizzen zu übertragen, wie sie in militärischen Krokis, im Isobarenverlauf von Wetterkarten oder in einfachen schematischen Zeichnungen (ohne Halbwerttöne), die etwa zum Verständnis eines Vortrages erwünscht sind, u. dgl. vorliegen. Dann kommt man mit technisch sozusagen primitiven Geräten aus, die der Bastler zur Not sich selbst herstellen kann. Auf die photographischen Empfangsmethoden wird verzichtet, und Dieckmann greift auf die alten Verfahren der Kopiertelegraphen zurück, um das gezeichnete Blatt dem Beobachter an der Empfangsstelle unmittelbar fertig zu liefern. Die ersten Geräte dieser Art wurden 1918 in militärischem Auftrag hergestellt;[1]) mit ihnen gelang die Übertragung von Zielmarkierungen in Kartennetzen von Artillerieflugzeugen aus an Bodenempfangsstationen.

Da die Geräte an jeden normalen Rundfunkempfänger mit mäßig starkem Lautsprecherempfang als Zusatzgeräte angeschlossen werden können, so wird bei der heutigen Ausdehnung des Rundfunks bei vielen Teilnehmern der Wunsch sich geltend machen, nicht nur die regelmäßigen Radio-Wetterprognosen abzuhören, sondern auch den ihnen namentlich zugrunde liegenden Verlauf der Linien gleichen Luftdrucks (Isobaren), welche den Hauptteil der Wetterkarte bilden, in

---

1) M. Dieckmann in Ztschr. f. Fernmeldetechnik I, S. 223 ff. 1920. In der weiteren Darstellung folgen wir einem Sonderabdruck aus der „Elektrischen Nachrichten - Technik" (Weidmann'sche Buchhandlung, Berlin 1926), den Prof. Dieckmann in freundlicher Weise zur Verfügung stellte.

Abb. 3a. Prof. Dieckmann.

die Hand zu bekommen. Besonders auf dem Lande wird diese prompte und instantane Funkbildübertragung auch von großem praktischen Nutzen sein.

Die ersten Versuche mit diesem Wetterfunk durch den Sender in München (Sendegesellschaft „Deutsche Stunde in Bayern") erfolgten im Sommer und Herbst vorigen Jahres auf Grund wertvollster Anregungen des Direktors der Bayerischen Landeswetterwarte Prof. Dr. Schmauss und unter Leitung von Ministerialrat Dr. Steidle von der bayerischen Abteilung des Reichspostministeriums, das sich nach dem höchst befriedigenden Ausfall derselben bereit erklärte, die tägliche Wetterkartenübertragung (vgl. Vorwort) vom Rundfunksender in München aus zu genehmigen und den Rundfunkteilnehmern zu gestatten, ohne Erhöhung der normalen Rundfunkgebühr einen Funkbildempfänger anzuschließen, was heute schon weitgehend benutzt wird. Tägliche betriebsmäßige Vorführungen erfolgen in München im Deutschen Museum. — Wie bei den vorerwähnten Kopiertelegraphen mit Draht werden beim Funkbildgerät die zu übertragenden Zeichnungen mit einer schnell trocknenden isolierenden Tinte oder mit Fettstift auf Metallpapier gezeichnet. Am Sender wird an Stelle der akustischen Besprecheinrichtung das Funkbildsendegerät eingeschaltet, bei welchem die um eine rotierende Trommel gelegte präparierte Zeichnung durch einen Kontaktstift in vorher beschriebener Weise in Schraubenlinien sukzessive abgetastet wird. Das Bild besteht also aus leitenden und nichtleitenden Stellen, so daß der Kontaktstift nach und nach eine Folge von Stromschlüssen und Stromöffnungen bewirkt. Mit diesen periodischen Stromimpulsen wird über die Leitung der Sender gesteuert, und man wählt hierbei für den Steuerstrom vorteilhaft einen mittelfrequenten Strom von 500 bis 1000 Hertz (Hertz = Anzahl der Schwingungen pro Sekunde). Es werden also auf dieseWeise kürzere oder längere Wellenzeichen ausgestrahlt. — An einer Empfangsstation, die den Münchner Sender vernehmlich stark im Lautsprecher bekommt (z. B. auch hier in Zürich im Radiotechnischen Institut — s. Bild Abb. 4 — des Verfassers, das demnächst das Dieckmannsche Zusatzgerät erhält), hört man nun diese Bildsignale als krause Zeichen in einer Folge von kurzen und längeren abgehackten Tönen, die den Zeichen eines Maschinentelegraphen ähnlich sind.

Abb. 3b. Funkbild.

Was die technischen Anordnungen angeht, so erübrigt es sich, auf die Hochfrequenzschaltungen im Sender und Empfänger einzugehen, da es sich bei dem eigentlichen Funkbildgerät ja nur um ein Zusatzgerät handelt, das wir jetzt etwas näher betrachten wollen.

Die schematische Skizze Abb. 5 zeigt die Sendeseite. Mit Hilfe eines Umschalters wird bewirkt, daß der Generator (Telephonie-Sender) nicht durch das Besprechgerät gesteuert wird, sondern durch einen Tonmodulator (s. weiter unten), und dieser selbst wird in der Kontaktfolge des Bildes durch das Bildsendegerät ein- und ausgeschaltet.

Entsprechend läßt sich auf der Empfangsseite — s. schematische Skizze Abb. 6 — durch einen Umschalter bewirken, daß an Stelle des Lautsprechers das Gleichrichtergerät

Abb. 4. Radiotechnisches Institut des Verfassers in Zürich.

# Wetterfunk

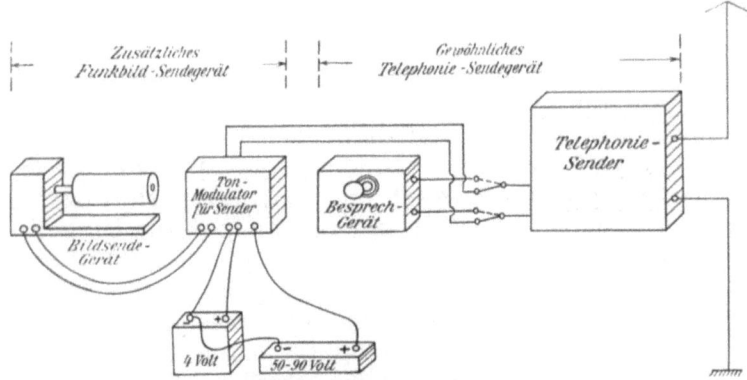

Abb. 5. Sendeseite-Schema.

(s. weiter unten) an den Empfänger und Lautverstärker angeschaltet wird. Durch das Relais des Gleichrichters wird vermittels der angeschlossenen Lokalbatterie das Bildempfangsgerät in Betrieb gesetzt.

Von grundsätzlicher Wichtigkeit für das Arbeiten elektrischer Kopiertelegraphen ist das Verfahren der **Synchronisierung** oder, wie man hier besser sagen würde, der **Gleichtrittregelung**. Als d'Arlincourtsches Prinzip war bereits bekannt, diese Gleichtrittsregelung derart vorzunehmen, daß die

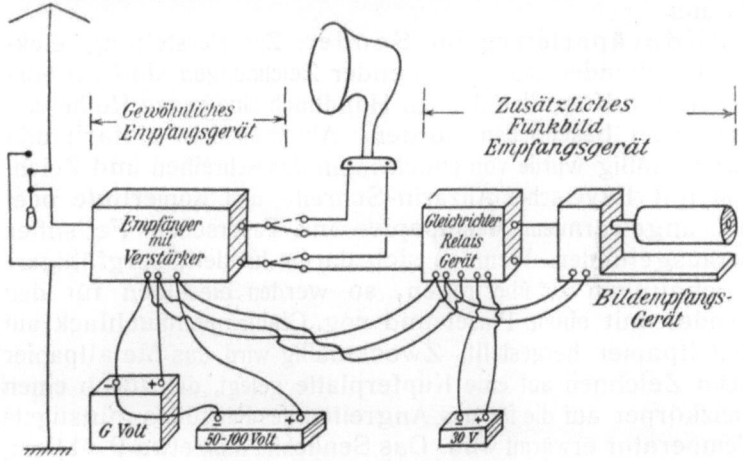

Abb. 6. Empfangsseite-Schema.

Eichhorn, Wetterfunk, Bildfunk, Television

eine Walze jede Umdrehung ein wenig früher beendet als die andere und dann solange aufgehalten wird, bis die andere nachgekommen ist. Dieckmanns Verfahren, das diesem Prinzip untergeordnet ist, wird im Patentanspruch (D. R. P. 329 124) „dadurch gekennzeichnet, daß von der für jede Walzenumdrehung zur Verfügung stehenden Zeit ein gewisser Zeitteil für die Bildübertragung, der Rest für die Synchronisierung benutzt wird, derart, daß mit jedem Bild ein quer zur Umlaufsrichtung der Walze gelegener, zwischen zwei bildpunktfreien Zonen befindlicher Streifen von solcher Breite mit übertragen wird, daß die zu seiner Bestreichung im Sender erforderliche Umlaufszeit größer ist als die mögliche Umlaufsdifferenz zwischen der Sender- und der etwas schneller laufenden Empfangswalze, wobei im Empfänger bei jedem übermittelten Stromimpuls zwar gleichzeitig die Schreibvorrichtung betätigt und der Magnet der Synchronisierungsvorrichtung erregt wird, diese aber nur dann die Hemmung und Wiederfreigabe der Empfangswalze für die Synchronisierung bewirken kann, wenn der an der Empfangswalze befindliche Hemmdaumen sich der Sperrvorrichtung gegenüber befindet, während diese von demjenigen Stromimpuls magnetisch erregt ist, welcher der Breite des Synchronisierungsbildstreifens entspricht." Man kommt so mit nur einer einzigen Wellenlänge und Intensität aus.

Bildpräparierung im Sender: Zur Herstellung elektrisch leitender und nichtleitender Zeichnungen sind im vorerwähnten Korn-Glatzelschen Handbuch eine ganze Reihe von Verfahren beschrieben worden. Als besonders einfach und zweckmäßig wurde von Dieckmann das Schreiben und Zeichnen mit Bayerscher Alizarin-Schreib- und Kopiertinte oder bei angewärmtem Metallpapier mit Faberschen Fettstiften herausgefunden. Wenn es sich darum handelt, sorgfältigere Zeichnungen zu übertragen, so werden dieselben für den Sender mit einem Pinsel und sog. Glühlampentauchlack auf Metallpapier hergestellt. Zweckmäßig wird das Metallpapier beim Zeichnen auf eine Kupferplatte gelegt, die durch einen Heizkörper auf die für das Angreifen des Fettstiftes günstigste Temperatur erwärmt wird. Das Sendebild mißt etwa $9 \times 11$ cm; es wird im Empfänger etwas vergrößert.

Schreibverfahren[1]) im Empfänger: Hierüber gibt die Patentschrift Nr. 426779 wie folgt Aufschluß:

„Wenn es sich darum handelt, über Leitung oder drahtlos arbeitende Kopiertelegraphen mit einer Schreibvorrichtung im Empfänger zu versehen, so wendete man im allgemeinen elektrochemische Verfahren an; diese haben den Übelstand, daß das meist mit giftigen Stoffen präparierte Papier während der Übertragung feucht gehalten werden muß. Schreiben mit Bleistift, Farbstift usf. gelingt nicht zufriedenstellend, da die hierbei erforderlichen spezifischen Drucke größer sind, als sie die sehr leichten und wegen der hohen Übertragungsgeschwindigkeit möglichst massearmen elektromagnetisch bewegten Schreibsysteme liefern können. Außerdem besteht bei Verwendung derartiger Schreibstifte der Übelstand, daß der Schreibstift durch Abgabe seines Materials an die Schreibunterlage verkürzt wird und deshalb dauernd einen Vorschub erhalten muß. Für ein Schreiben mit Füllfederhalter liegen bisher keine Konstruktionen vor, die ein hinreichend zuverlässiges Schreiben ermöglichen. Auch ein neuerdings beschriebenes Verfahren, durch die Stromwärme von Funken leicht schmelzbaren Farbstoff auf die Schreibfläche zu übertragen, befriedigt so weit nicht völlig, als bei drahtlosem Betriebe der Anordnungen komplizierte und die Anordnungen verteuernde Maßnahmen erforderlich sind, um zu verhindern, daß die Funken die schwingungsempfindlichen Teile der Empfangsanordnung beeinflussen.

Das im folgenden beschriebene neue Verfahren bietet gegenüber den obenbeschriebenen Verfahren erhebliche Vorteile. Im Gegensatz zu den elektrochemischen Verfahren braucht die Schreibfläche nicht feucht gehalten zu werden. Im Gegensatz zu den Verfahren mit elektromagnetisch bewegten Schreibstiften benötigt das neue Verfahren nur minimale spezifische Drucke, um kräftigste Farbwirkungen auf der Schreibunterlage hervorzurufen, und ist dabei frei von dem Nachteil des Schreibens vermittels Funken und Schmelzfarbe, daß durch

---

1) Dr. Max Dieckmann in Gräfelfing b. München. Schreibverfahren für Bildübertragungsgerät. Patentiert im Deutschen Reiche vom 3. März 1925 ab.

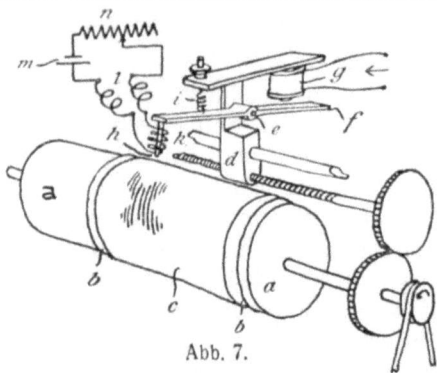

Abb. 7.
Schreibverfahren nach Dieckmann.

die Funken eine Beeinflussung der schwingungsempfindlichen Empfangsanordnung eintritt.

Das Prinzip des neuen Verfahrens ist aus der schematischen Darstellung (Abb. 7) zu ersehen. $a$ bedeutet die synchron mit der Sendewalze rotierende Empfangswalze des Kopiertelegraphen, $b$ einen um die Walze gelegten Bogen Schreibpapier, auf welchem das Bild entstehen soll. $c$ ist eine darübergelegte dünne Folie, welche auf ihrer unteren, der Schreibfläche $b$ zugekehrten Seite gleichmäßig mit einem leicht schmelzbaren Farbstoff bedeckt ist. Der bei der Drehung der Empfangswalze durch Spindelführung langsam längs der Walze bewegte Schlitten $d$ trägt die elektromagnetisch bewegte Schreibanordnung. Ein möglichst massearmer, um die Achse $e$ drehbarer Anker $f$ kann von einem durch den Linienstrom durchflossenen Elektromagneten $g$ angezogen werden, so daß der Schreibstift $h$ die Schreibunterlage $c$ und $b$ mit schwachem Druck berührt. Bei Stromlosigkeit des Magneten hebt die Feder $i$ den Schreibstift von der Unterlage ab. Um den Schreibstift $h$ ist eine Heizspule $k$ aus Widerstandsmaterial gelegt, welche über die leicht beweglichen Zuleitungen $l$ von einer Batterie $m$ Strom erhält, welcher durch einen regelbaren Widerstand $n$ so eingestellt werden kann, daß die zum Schmelzen des Farbstoffes erforderliche Temperatur erzielt wird.

Treffen jetzt, während sich die Walze $a$ dreht und der Schlitten $d$ seitlich verschoben wird, Stromstöße vom Sender in der Magnetspule $g$ ein, so wird in deren Rhythmus der Schreibstift auf die Folie $c$ gesenkt. Da er durch die elektrische Heizung auf hinreichende Temperatur gebracht ist, schmilzt die auf der Unterseite der Folie befindliche Farbe und wird bei dem leichten Berührungsdruck auf die Oberfläche des Schreibpapiers $b$ übertragen.

Gemäß der Arbeitsweise der Kopiertelegraphen entsteht so auf dieser Schreibfläche das fernübertragene Bild.

Eine andere Form des Schreibstiftes zeigt die schematische Abb. 8. Hier befindet sich gegenüber der Schreibunterlage die Spitze des Schreibstiftes $k$ bildend, eine aus Widerstandsmaterial bestehende Schleife $o$, welche wieder über die leicht beweglichen Zuleitungen $l$ von einer Batterie $m$ über den Widerstand $n$ mit Strom versorgt und dadurch erwärmt wird.

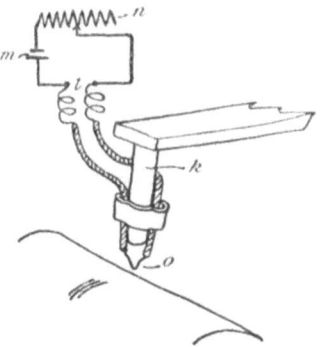

Abb. 8. Andere Ausbildung des Schreibstiftes.

Patent-Ansprüche: „1. Schreibverfahren für über Leitung oder drahtlos arbeitendes Bildübertragungsgerät nach dem System der Kopiertelegraphen, bei welchem ein Schreibstift elektromagnetisch im Rhythmus der ankommenden Stromstöße auf die Schreibunterlage gesenkt und von ihr entfernt wird, dadurch gekennzeichnet, daß der Schreibstift elektrisch geheizt wird und den auf eine die Schreibfläche bedeckende Zwischenfolie gleichmäßig aufgebrachten, leicht schmelzbaren Farbstoff beim Niedergehen auf die Schreibfläche überträgt.

2. Schreibverfahren nach Anspruch 1, dadurch gekennzeichnet, daß ein aus einer Stromschleife gebildeter metallischer Schreibstift unmittelbar vom durchfließenden Strom geheizt wird.

3. Schreibverfahren nach Anspruch 1, dadurch gekennzeichnet, daß ein aus beliebigem Material bestehender Schreibstift mittelbar durch einen elektrischen Heizkörper auf die zum Schmelzen des Farbstoffes erforderliche Temperatur gebracht wird."

Das Bildsendegerät: Der Bildsender gleicht äußerlich dem in Abb. 10 (S. 18) wiedergegebenem Empfangsgerät. Man sieht links den Schutzkasten für das Uhrwerk mit der heraustretenden Aufzugskurbel; an seine Stelle können natürlich auch Elektromotoren für Gleichstrom oder Wechselstrom 110 oder 220 Volt treten. Die Umdrehungszahl wird auf etwa 33 pro Minute eingestellt. Rechts befindet sich die Sendewalze mit dem an ihr hingleitenden Schlitten für die Abtastfeder. Der Halter der Bildsendewalze trägt links einen Schleifring, gegen den eine Kontaktfeder drückt. Der Schleifring ist auf etwa $1/6$ des Umfanges isolierend unterbrochen, so daß an dieser Stelle keine Bildpunkte gesandt werden können und nur der Gleichtrittsregelungsmagnet bedient wird. Durch entsprechende Anschläge ist dafür gesorgt, daß die Überlappungsstelle des Bildblattes, das um die Sendewalze gelegt und durch einen federnden Blechstreifen, ähnlich wie bei den Trommeln der selbstschreibenden Barographen, festgehalten wird, gerade in diese der Gleichtrittsregelung gehörige Zone fällt. Auf diese Weise wird der doch für das eigentliche Bild nicht ausnützbare Teil des Blattes wertvoll für den Zweck der Gleichtrittsregelung verwendet. Durch einen kleinen Stellhebel kann die Abtastfeder vom Bild gehoben oder auf dasselbe gesenkt werden. Beim Heben kommt gleichzeitig der Gleitschlitten, welcher die Abtastfeder trägt, außer Eingriff mit der Schraubenspindel, so daß der Schlitten nach rechts oder links verschoben und nach beendetem Bild von seiner Stellung rechts wieder in die Ausgangsstellung nach links zurückgeführt werden kann.

Der Tonmodulator: Durch die Kontakte zwischen der Schreibfeder und den leitenden Stellen des Bildblattes wird im allgemeinen der Funksender nicht unmittelbar getastet, sondern es wird für die Zwecke der Bildübertragung der ungedämpfte Sender durch einen Tonmodulator moduliert; dabei kann man als Tonfrequenzquelle meine bekannte Summeranordnung für Stoßerregung elektrischer Schwingungen oder eine kleine Mittelfrequenzmaschine oder einen Röhrenkreis wählen. Der Tonmodulator hat also den Zweck, die vom Funkbildsender kommenden Stromstöße in einen mittelfrequenten Strom von etwa 500—1000 Perioden umzuwandeln. Wenn der Röhrensender mit diesen niederfrequenten Stromstößen gesteuert wird, so werden der von ihm ausgestrahlten Trägerwelle niederfrequente Schwingungen überlagert (man nennt dies die „Tonmodulierung" der Trägerwelle), so daß im

Empfänger ohne besondere „Überlagerung" die Bildzeichen aufgenommen werden können.
Das Gleichrichtergerät: Das Gleichrichtergerät hat die vom Empfänger oder Lautverstärker kommenden Wechselstromimpulse von Tonfrequenz in Gleichstromimpulse zu verwandeln (wie sie

Abb. 9. Gleichrichtergerät.

ja auch im Bildsendegerät aus Gleichstromstößen entstanden sind), damit diese einem Relais zugeführt werden können, zum Schließen der stärkeren Lokalströme für die Betätigung der Magnete der Gleichtrittregelung und des Schreibmagneten am Bildempfangsgerät. Es besteht am einfachsten aus einer Niederfrequenzverstärkerstufe mit einem Endeverstärkerrohr für großen Sättigungsstrom, wobei das Gitter so stark negativ vorgespannt wird, daß der Anodenstrom nahezu Null ist. Der Zwischentransformator hat ein Übersetzungsverhältnis von 1 : 10. Zum völlig betriebssicheren Bildempfang genügt ein Empfangsstrom von 2—5 Milliampere. Die Abb. 9 zeigt eine Ansicht des Gleichrichtergerätes. Hinter die Röhre ist ein kleines empfindliches polarisiertes Telegraphenrelais geschaltet, das auf die aus der Röhre kommenden Gleichstromstöße anspricht und den stärkern Ortsstromkreis für die Betätigung des Empfangsgerätes schließt.

Das Bildempfangsgerät: Die Bildempfangswalze – siehe Abb. 10 – gleicht, wie schon erwähnt, äußerlich der Sendewalze. Der Antrieb erfolgt durch das im linken Kasten befindliche Uhrwerk oder einen Elektromotor. Man reguliert

Abb. 10. Vorderansicht des Funkbild-Empfangsgerätes.

die Tourenzahl grob so ein, daß die Walze etwa 35—37 Umdrehungen pro Minute macht. Uhrwerke und Motoren besitzen hierfür eine fein regelbare Bremse am Zentrifugalregulator. Unten links ist der Magnet der Gleichtrittsregelungsanordnung sichtbar, oben die Schreibanordnung. Von dieser gibt Abb. 11 ein vergrößertes Bild, das den Schlitten von rechts, von links und von hinten zeigt. $a$ ist die Führungsstange des Schlittens, $b$ der mit Gewinderiefen versehene Teil, der, wenn Hebel $c$ nach oben gestellt ist, mit der hier nicht abgebildeten Spindel zum Eingriff kommt. Um ein Gelenk bei $d$ drehbar, sitzt auf dem Schlitten die Rollenplatte $e$; sie ist so genannt, weil sie vorn eine kleine Rolle $f$ trägt, welche auf der Walze abrollt und dafür zu sorgen hat, daß auch bei unrunder Walze oder Unebenheiten der Schreibfläche der relative Abstand der Schreibstiftspitze vom Papier gleichbleibt.

Eine Zugfeder $g$ und parallel zu ihr eine mit Führung unterteilte Schubstange $h$ heben und senken die Rollenplatte bei Betätigung des Hebels $c$. Über der Rollenplatte, um das Gelenk $i$ drehbar und durch die Schraube $k$ einstellbar, ist der eigentliche Schreibaufsatz $l$ angebracht. Er trägt einen kleinen Elektromagneten $m$, an dessen durch die Abzugsfeder $n$ zurückgezogenem Anker $o$ an einem Arm $p$ der Schreibstift $q$ befestigt ist. Durch die Regulierschraube $r$ wird die Entfernung des Ankers von den Polen begrenzt. Der Schlitten trägt eine kleine Klemmplatte $s$ mit drei Verbindungsklemmen, von

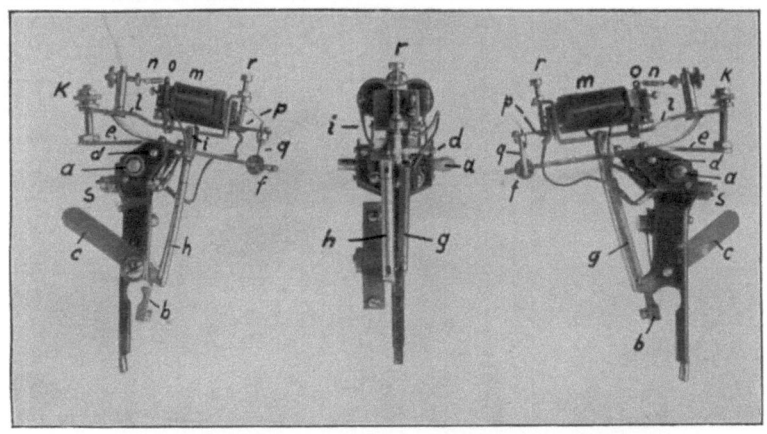

Abb. 11. Schreibschlitten von rechts, hinten und links.

welchen bewegliche Litzen zu dem Elektromagneten und zum Heizschreibstift sowie anderseits zu einer auf dem Apparatgestell montierten Klemmleiste führen. Die Regulierungsschrauben werden ein für allemal richtig eingestellt und dann durch Gegenmuttern festgehalten. Bei der betriebsmäßigen Bedienung des Gerätes wird lediglich der Hebel $c$ gehoben oder gesenkt, um den Schreibstift abheben und den Schlitten frei verschieben zu können. Den Walzenträger mit der Bremskupplung sowie die Gleichtrittsregelungsanordnung kann man aus Abb. 12 erkennen. Die Gleitstange für den Schreibschlitten und die Spindel sind der Übersichtlichkeit wegen entfernt. Durch Anziehen der Muttern $a$ kann die Feder $b$ strenger gestellt und so die Reibung zwischen dem Walzenträger $c$ und der Achse $d$ vergrößert werden.

Die Längsstangen $e$ des Walzenträgers sind, wie man bei $f$ sehen kann, an den Enden geschlitzt, so daß die Walze federnd auf ihnen Halt findet. Um sie gegen Umdrehung zu sichern und zu erreichen, daß die Stoßstelle des Bildes im Sender genau auf die Stoßstelle des Bildes im Empfänger trifft, sind zwei Stiftchen $g$ vorgesehen, zwischen welche die Papierklemmfeder der Bildwalze zu liegen kommen muß. An der linken Endplatte des Walzenhalters sieht man den Daumen $k$, der von dem Sperrhebel $i$ aufgehalten werden kann. Am An-

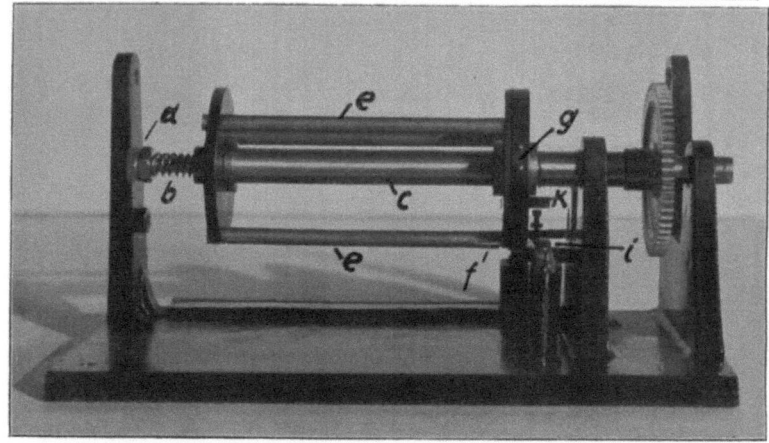

Abb. 12. Bremskupplung mit Gleichtrittregelungsanordnung.

triebskasten sind die Steckerbuchsen angebracht für die Zuleitung vom Relais und vom 6 Volt-Akkumulator zur Speisung der Magnete und der Heizung Ein Schalter $t$ erlaubt die Stromkreise einzuschalten. Mit dem Drehknopf $u$ wird die Heizung des Schreibstiftes einreguliert.

Nach dem bisher Gesagten ergibt sich alles Wesentliche über Aufstellung und Inbetriebsetzung des Funkbildempfangsgerätes von selbst. An Stelle des Lautsprechers wird an den Verstärker das Gleichrichtergerät durch eine Doppellitze an das Klemmenpaar „vom Verstärker" angeschaltet. Eine entsprechende Doppellitze führt von den Klemmen des Gleichrichters „Bildgerät" zum mit „Relais" bezeichneten Klemmenpaar des Bildgerätes. Ein gemeinsamer 6 Volt-Akkumulator wird an die mit „+6" „—6 Volt" bezeichneten Klemmen des Gleichrichtergerätes und Bildgerätes angeschlossen. Die Spannung der Anodenbatterie für das Gleichrichtergerät soll 60 bis 90 Volt betragen; die Gittervorspannung etwa —30 Volt. Man reguliert diese Gitterspannung so ein, daß das Milliamperemeter im Gleichrichtergerät nur einen fast verschwindenden Ausschlag von 0—0,5 Milliampere zeigt. Wenn die Gegensendestation Musik oder Sprache überträgt, so führt der Zeiger des Milliamperemeters, der jeweiligen Intensität der Übertragung entsprechend, lebhafte Schwankungen aus. Gibt die Gegenstation das Ankündigungszeichen für das Bild, also einen gleichstark bleibenden längeren Ton (ein Dauerstrich von etwa 10 Sekunden), so zeigt das Milliamperemeter einen konstanten Dauerausschlag. Beträgt der Ausschlag über 5—6 Milliampere, so wird die Heizung der Gleichrichterröhre so weit verkleinert, daß maximal dieser Ausschlag vorhanden ist. Ein Strom von 3—5 Milliampere genügt bei weitem, um den Anker des polarisierten Relais an den Arbeitskontakt heranzubringen. Hat man auf der Empfangsseite den Beginn des Dauerstriches wahrgenommen und den am Funkbildgerät befindlichen Drehschalter eingeschaltet, so sind während dieses Dauerstriches der Magnet der Gleichtrittregelung und der Schreibmagnet stromdurchflossen und ziehen ihre Anker an. Gleichzeitig erwärmt sich der Heizstift auf seine Betriebstemperatur. Jetzt setzt man das vorher aufgezogene Uhrwerk in Gang. Da während des Dauerstriches der Anker des Synchronisierungsmagneten angezogen bleibt, laufen die Zahnräder um, aber die Bildempfangswalze wird sich, sobald sich der Daumen gegen die Nase des Sperrhebels gelegt hat, nicht mitdrehen. Der Schreibstift wird auf die mit Schreibpapier und Kohlepapier beschickte Empfangswalze links aufgesetzt. Wenn nunmehr der Ankündigungsstrich im Sender aufhört, verschwindet der Ausschlag im Milliamperemeter des Gleichtrichters, die Magnete werden stromlos, die Bildwalze wird von ihrer Reibungskupplung mitgenommen, und die Übertragung des Bildes beginnt. Nach derselben, während der Schlitten des Schreibstiftes nach rechts gewandert ist, wird vom Sender als Schlußzeichen wieder ein Dauerstrich gegeben, der die Bildempfangswalze durch Betätigung der Sperrvorrichtung automatisch wieder anhält und so der Bedienung das Zeichen von der Beendigung des Bildes gibt. Man kann das fertige Bild von der Walze nehmen und die Stromkreise ausschalten. Die Übermittlung eines Bildes in oben genannter Größe dauert etwa $4^1/_2$ Minuten.

In den Abb. 13 und 14 sind zwei Übertragungsoriginale reproduziert, in der ersten Abbildung eine Wetterkarte (Isobarenverlauf; die Ziffern bedeuten den Luftdruck in Millimeter, doch ist als erste Ziffer noch eine 7 hinzuzufügen) der Bayerischen Landeswetterwarte München und in der zweiten Abbil-

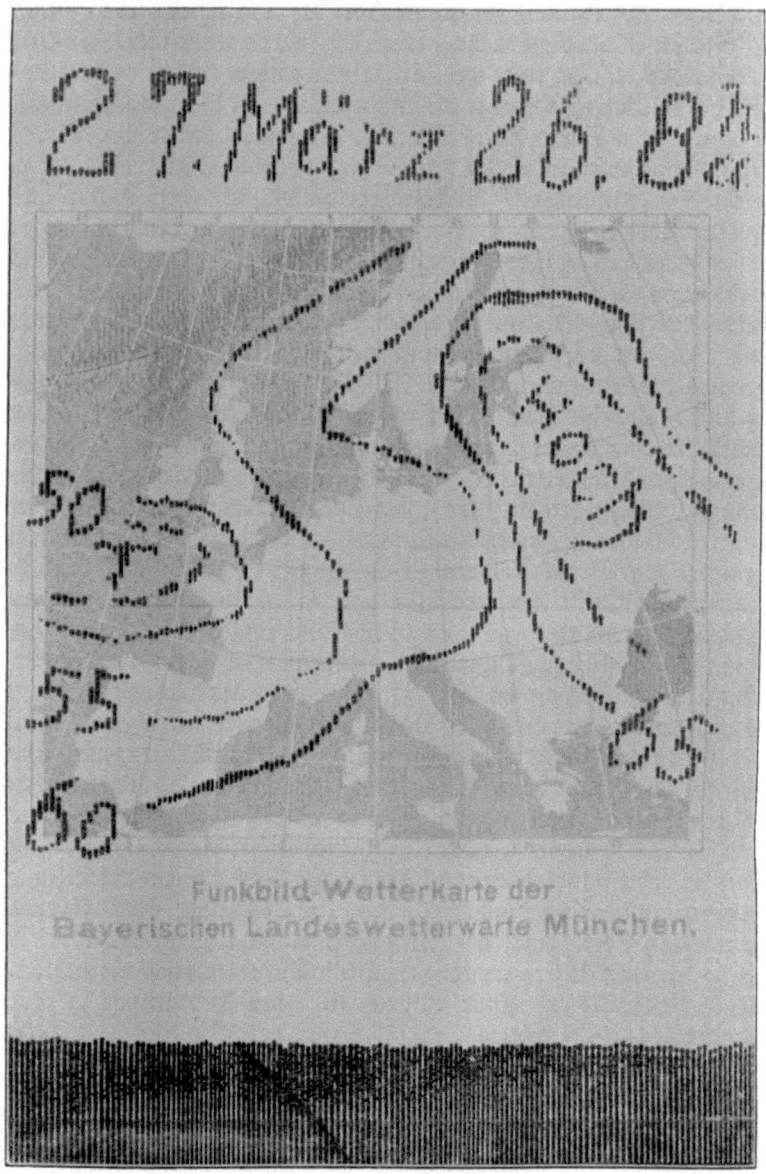

Abb. 13. Übertragungsprobe.

## Bildprobe nach Dieckmanns Wetterfunkmethode

Abb. 14. Übertragungsprobe.

dung eine Strichzeichnung (Staatssekretär a. D. Dr. Bredow, Rundfunkkommissar des Reichspostministers). Wir schließen dieses Kapitel mit einem Bericht über die Funkbildübertragung an Bord der „Westphalia" auf ihrer letzten Reise nach Amerika:

Auf Mitveranlassung von Direktor Solff vom Telefunkenkonzern wurden gemeinsam von der Deutschen Betriebsgesellschaft für drahtlose Telegraphie m. b. H., dem Telegraphischen Reichsamt und der Deutschen Seewarte in Hamburg Bildübertragungsversuche nach dem Dieckmannschen System durchgeführt. Hierzu wurde von der Hamburg-Amerika-Linie dem Erfinder des Bildübertragungssystems, Herrn Dr. Dieckmann, Professor an der Technischen Hochschule München, und dessen Assistenten, Dipl.-Ing. Hell, je eine Kabine an Bord der Westphalia zur Verfügung gestellt.

Zur Durchführung der Versuche wurde bei der Deutschen Seewarte in Hamburg ein Dieckmannscher Bildsender aufgestellt, der dem bei der Bildübertragung durch den Münchner Rundfunksender verwendeten gleicht. Das Telegraphenkonstruktionsamt in Hamburg stellte eine eigene Telegraphenleitung von der Seewarte Hamburg zu der etwa 200 km entfernten Deutschen Küstenfunkstelle Norddeich her, über die der 5 KW-Sender ferngesteuert wurde.

Die meteorologische Abteilung der Seewarte zeichnete täglich den aus den eingegangenen funkentelegraphischen Schiffsmeldungen ersichtlichen Isobarenverlauf und die an den einzelnen Stellen herrschenden Windstärken auf eine eigene Ozeankarte, die an Bord der Westphalia empfangen werden sollte.

Die Empfangsanlage an Bord bestand aus dem normalen Telefunken-Bordempfänger (Audion mit Zwischenkreis und zwei Stufen Niederfrequenzverstärker). Hierzu kam als zusätzliches Empfangsgerät ein Gleichrichter und der eigentliche Bildempfänger. Der drahtlos übermittelte Isobarenverlauf wurde im Bildempfänger nach einem Vorschlag von Professor Schmauß von der Bayerischen Landeswetterwarte in München unmittelbar auf ein mit aufgedruckter Ozeankarte versehenes Blatt gezeichnet.

Der Verlauf der Versuche konnte als über Erwarten günstig bezeichnet werden, da es jeden Tag möglich war, den Navigationsoffizieren des Schiffes die neueste Wetterkarte zu übersenden. Eine Rekordleistung stellt der völlig störungsfreie Empfang der Wetterkarte vom 23. April dar, das war am zehnten Tage nach der Ausreise von Hamburg, 4500 km vom

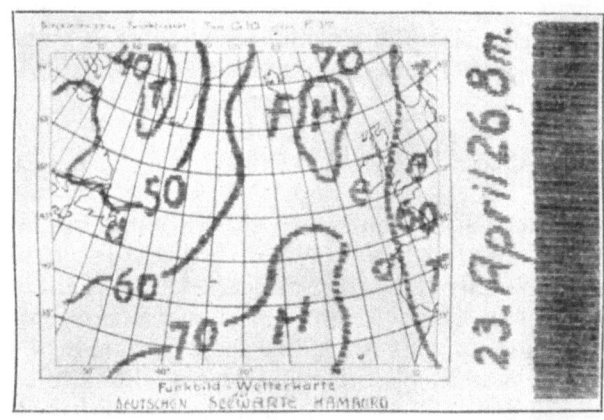

Abb. 14a. Funkbilder von der Reise der Westphalia.

Sender Norddeich entfernt. An einigen Tagen traten atmosphärische Störungen auf, die sich als längere oder kürzere Striche in den Bildern zeigten, jedoch die Lesbarkeit der Wetterkarte nicht störten. Auch Sendestationen, wie etwa die gedämpft arbeitende spanische Station Kadiz, konnten unter Umständen die Bilder etwas stören, während in der Nähe der Westphalia befindliche Schiffssender, wie etwa die Station des englischen Dampfers Baltic, auf Ansuchen während der Bildübertragung ihre Betriebswellen änderten, so daß keinerlei Störung stattfand.

Auch Funkbilder mit Scherzzeichnungen wurden von den Hamburgern dem Schiff nachgesendet. So wurde vor Queenstown ein sehr humorvoll gezeichnetes Bild eines Raben empfangen, welches die bei der damals sehr hohen See aus den Herzen vieler Passagiere kommenden Worte trug: Lot mi an Land.

Die Funkbilder in Abb. 14a rühren von dieser Reise der Westphalia her.

Es erscheint angebracht, noch ein paar Worte hinzuzufügen über den modernen Wetterdienst. Weitaus der größte Teil der Wetterberichte beruht auf den täglich dreimal eingehenden **drahtlosen** Wetternachrichten des internationalen Wetterdienstes. Von morgens früh bis abends spät sind Funktelegraphisten beschäftigt, die ausführlichen Radiotelegramme der ca. 160 Stationen ganz Europas und Nordafrikas aufzunehmen. Die einlaufenden Meldungen werden in besondere Wetterkarten großen Formats eingetragen zur Prognosenstellung. Diese erfolgt täglich zweimal (vormittags und nachmittags). Hier in Zürich gehen die Wetterprognosen der Meteorologischen Zentralanstalt automatisch an alle schweizerischen Telegraphen- und Telephonämter, so daß auch am späten Abend jeder Tourist noch in der Lage ist, sich die gewünschte Auskunft von jedem Telephonamt zu erfragen. — Die drahtlosen Berichte gehen von den betreffenden Landes-Großstationen aus. Aus der Schweiz gelangen die detaillierten Wettertelegramme von Zürich, Bern, Genf, Lugano und Säntis täglich an die Großstation des Pariser Eiffelturms, von wo sie zu bestimmten Zeiten dreimal im Tage verbreitet werden. — Seit einem Jahr ist an der Meteorologischen Zentralanstalt in Zürich auch ein besonderer Flugwetterdienst eingerichtet in Verbindung mit dem eidgenössischen Luftamt und der schweizerischen Obertelegraphendirektion in Bern. Im Herbst 1912 richtete Verfasser die erste Radio-Empfangsstation an der Meteorologischen Zentralanstalt ein, speziell zur Aufnahme des Wetterfunk- und Zeitsignaldienstes in Morsezeichen vom Eiffelturm.

## Reliefmethode. Statistische Methode.

Der Vollständigkeit halber streifen wir zunächst noch kurz diese beiden Methoden, obwohl ihnen bisher eine größere praktische Bedeutung nicht zukam.

Reliefmethode: Bei der Reliefmethode handelt es sich darum, daß von einer photographischen Vorlage die Tönung durch ein größeres oder kleineres Relief zum Ausdruck kommt, z. B. bei den Kohledrucken. Ein Taststift gleitet über die einzelnen Bildelemente und ist so angeordnet, daß er sich entsprechend dem Relief des Bildes, und somit entsprechend den Tönungen der Bildelemente, mehr oder weniger hebt. Durch diese mechanische Hebung und Senkung des Stiftes kann man erreichen, daß in einem vom Geber zum Empfänger und zurück laufenden Stromkreis entsprechend den Tönungen der Bildelemente mehr oder weniger elektrischer Widerstand eingeschaltet wird, so daß wiederum die im Empfänger ankommenden Stromintensitäten fortlaufend den Tönungen der Bildelemente des Originalbildes entsprechend abgestuft sind und im Empfänger zur Reproduktion des Bildes dienen können, am besten wohl wieder durch die photographische Registrierung. Es ist klar, daß das Prinzip dieser Methode sich ohne weiteres auch für die drahtlose Übertragung anwenden läßt, indem in Abhängigkeit von den Hebungen und Senkungen des Taststiftes sich eine in der Intensität oder Frequenz schwankende Wellenstrahlung erreichen läßt. Die praktischen Versuche haben aber ergeben, daß bei Benutzung eines stärkeren Reliefs sich keine großen Transmissionsgeschwindigkeiten erzielen lassen, weil ein „Springen" des Sendestifts eintritt, während man anderseits bei flachen Reliefs mit der sauberen Einstellung desselben auf Schwierigkeiten stößt.

Statistische Methode:[1]) Wenn man eine Photographie durch eine lange telegraphische Linie großer Kapazität, insbesondere durch lange Seekabel, übertragen will, so er-

---

1) Vgl. auch die Kornsche Abhandlung „Über die Entwicklung der Bildtelegraphie in den letzten zehn Jahren" in „Die Naturwissenschaften", Heft 46 vom 17. November 1916.

weist sich trotz der üblichen Kunstgriffe (Pupinisierung der Kabel oder Kraruphülle aus Nickeleisenlegierung[1])) das Problem als praktisch nicht lösbar, da eine genügend große Rapidität der Übertragung nicht zu erzielen ist. Der an sich interessante Ausweg aus dieser Schwierigkeit, auf den man für die Übertragung der Tönungen der einzelnen Bildelemente verfiel, besteht darin, daß man jeder Helligkeit eine bestimmte Zeichenkombination oder einen Buchstaben des Alphabets korrespondieren läßt, dann ein das Bild darstellendes Telegramm aus solchen Zeichen oder Buchstaben zusammensetzt und in der gewöhnlichen Weise telegraphiert. In sehr primitiver Form wurde diese Methode schon vor mehr als zehn Jahren in Amerika probiert. Die zu übertragende Photographie wurde mit einem durchsichtigen, karierten Zelluloidblatt bedeckt. Das unter jedem dieser Quadrate liegende Bildelement wird entsprechend seiner mittleren Helligkeit mit einem Buchstaben bezeichnet, z. B., wenn man sich mit drei Tönungen begnügt, mit $a$, wenn das Element sehr hell ist, mit $c$, wenn es sehr dunkel ist, und mit $b$ für einen mittleren Helligkeitswert. So erhält man eine große Zahl von Buchstaben $a$, $b$, $c$, welche zu Worten angeordnet und telegraphiert werden können. Die Zusammensetzung wird dann im Empfänger in irgendeiner mechanischen, natürlich ziemlich mühsamen Art bewerkstelligt.

Um diese statistische Methode praktisch brauchbar zu machen, erwies es sich aber als unbedingt nötig, zunächst die Messung der Tönungen automatisch zu machen und fortlaufend zu registrieren. Am zweckmäßigsten ergab sich, mit Hilfe der Methode der lichtempfindlichen Zellen, die Tönungen der einzelnen Bildelemente auf einem Lochstreifen zu registrieren, in ähnlicher Weise, wie Buchstaben und Ziffern für die Zwecke der Vielfach- und Schnelltelegraphie als Lochkombinationen in mehreren Zeilen auf fortlaufenden Lochstreifen aufgezeichnet werden, die sich zur telegraphischen Sendung besonders gut eignen. Prof. Korn berichtet über eigne Arbeiten in vorerwähnter Abhandlung in der „Deutschen Optischen Wochen-

---

[1] Vgl. K. W. Wagner, Schnelltelegraphie auf Ozeankabeln. El. Nachr. Techn. Bd. 1, S. 114 ff. 1924.

schrift" (vgl. auch einen Nachtrag in Nr. 61 des gleichen Jahrgangs der DOW):

„Der schon gelegentlich früher ausgesprochene Gedanke, die Tönungen einer Photographie in dieser Weise auf einem fortlaufenden Lochstreifen zu registrieren, konnte erst in der allerjüngsten Zeit von mir verwirklicht werden, indem es mir gelang, ein quantitatives Relais[1]) zu konstruieren, welches gestattet, die schwachen mit Hilfe der lichtempfindlichen Zellen gelieferten, den Tönungen der Bildelemente entsprechenden Ströme hundertfach zu verstärken, und zwar sogleich in der Stufenform, wie es für diese Art der Bildübertragung erforderlich ist. Diese stärkeren Ströme gestatten erst, mechanische Lochapparate zum Stanzen der Lochkombinationen zu betätigen, welche den verschiedenen Tönungen entsprechen. Für den Anfang wurden 10 Stufen gewählt und diesen, sowie den 9 Mittelstufen bzw. 19 Lochkombinationen zugeordnet. Das Bild wird so in einen (fünfzeiligen) Lochstreifen verwandelt, in der Weise, daß fortlaufend jede zu der Zeilenrichtung senkrechte Lochreihe in ihrer Kombination eine bestimmte Tönungsstufe eines Bildelementes darstellt; das Problem, eine Photographie in einen zur telegraphischen Sendung geeigneten Lochstreifen zu verwandeln, hat damit eine praktische Lösung gefunden. Indem für die Herstellung der Lochstreifen die Apparatur des Siemens & Halskeschen Schnelltelegraphen verwandt wurde, ergaben sich solche Streifen, welche ohne weiteres mit Hilfe jeder für den Schnelltelegraphen geeigneten Linie telegraphisch übersandt werden können, in solcher Weise, daß auf der Empfangsstation genau identische Lochstreifen entstehen. Die Lochstreifen können dann an der Empfangsstation direkt in mechanisch-elektrischer Weise zur Rekonstruktion des Bildes verwandt werden. Man kann aber auch ohne Verwendung von Linien, welche für den Siemens & Halskeschen Schnelltelegraphen geeignet sind, also auch für die Übertragung durch beliebig lange telegraphische Leitungen und über beliebige unterseeische Kabel, die Registrierung der Bildelemente im Geber in der Weise benützen, daß jeder Lochkombination,

---

1) Elektrotechnische Zeitschrift 1914, S. 442. Von Prof. Korn „Teslarelais" genannt, weil dabei von Teslaströmen Gebrauch gemacht wird.

also jeder Tönungsmaßzahl des betreffenden Bildelementes, ein bestimmter Buchstabe zugeordnet wird, und daß man nunmehr das Bild als Buchstabentelegramm in der gewöhnlichen Art telegraphiert. Am Empfangsorte kommt dann wieder dieselbe Reihe von Buchstaben an, und es hat sich nunmehr als praktisch möglich erwiesen, mit Hilfe dieses Buchstabentelegrammes das Originalbild zu rekonstruieren. Hierfür gibt es nun wiederum eine Reihe von Methoden; man kann mit Hilfe der Schreibmaschine des Siemens & Halskeschen Schnelltelegraphen das Buchstabentelegramm wieder in einen Lochstreifen verwandeln und mit Hilfe dieses Lochstreifens das Bild, wie bereits schon oben einmal angedeutet wurde, in mechanisch-elektrischer Weise rekonstruieren, oder aber man verwendet direkt eine Schreibmaschine zum Schreiben des Bildes, indem man Schreibmaschinentypen benutzt, welche entsprechend den angeschlagenen Buchstaben, also entsprechend den zu registrierenden Tönungen der Bildelemente, dickere oder dünnere Kreise oder Vierecke kleiner Dimensionen auf dem Schreibpapiere fortlaufend erzeugen. Beide Methoden haben sich als gangbar erwiesen, und es ist auf diesem Wege schon jetzt möglich, Photographien zwischen Europa und Amerika auszutauschen."

Der praktischen Benutzung dieser Methode stehen aber die ziemlich hohen Kosten einer solchen Übertragung im Wege, die sich jedoch durch die natürlich ohne weiteres anwendbare drahtlostelegraphische Übermittlung schon erheblich reduzieren, besonders durch die Benutzung der kurzen Wellen (vorläufig wenigstens während der Dunkelheit), die außerdem noch eine ganz gewaltige Steigerung der Transmissionsgeschwindigkeit ermöglichen. Wer sich für Einzelheiten dieser Methode interessiert, findet solche speziell in dem vorerwähnten Buche von Fuchs.

## Methode der lichtempfindlichen Zellen

Selenzelle-Methode (System Prof. Korn): Bis vor einiger Zeit kamen als lichtempfindliche Zellen praktisch allein die Selenzellen für die Bildtelegraphie in Betracht, welche Methode von Prof. Korn zu einer sehr hohen Vollkommenheit ausgebildet wurde. Wir geben deshalb zunächst eine kurze Darstellung seiner Anordnungen für die Übertragung vermittels Telegraphenleitungen, durch einen Auszug aus früheren Abhandlungen des Verfassers hierüber.

Auch bei der Phototelegraphie ist das zugrunde liegende Prinzip, sukzessive Elemente der Photographie zu übertragen, deren Reproduktion an der Empfangsstelle das Bild wieder zusammensetzt. Je kleiner diese einzelnen Elemente sind, d. h. ceteris paribus je größer ihre Zahl, um so schärfer muß natürlich die Reproduktion ausfallen. Es ist dabei die Aufgabe zu lösen, die sich in diesen kleinen Elementen nach und nach darbietenden Bildtöne in Schwankungen des Telegraphiestromes (bzw. der Wellenstrahlung bei drahtloser Übertragung) umzuwandeln und umgekehrt an der Empfangsstation durch diese schwankenden elektrischen Ströme und in Abhängigkeit von ihnen schwankende Lichtintensitäten zu veranlassen, die dann wieder die differenten Bildtöne hervorbringen. Ein Mittel, um Lichtenergie in elektrische Energie umzuwandeln, bietet das Selen oder vielmehr ein Präparat daraus, die sogenannte Selenzelle. Wie nämlich der Engländer Smith 1873 entdeckte, zeigt das Metalloid Selen die Eigentümlichkeit, daß es durch Belichtungen seinen elektrischen Widerstand vermindert. Schaltet man also eine Selenzelle in einen elektrischen Stromkreis, so erhält man eine größere Stromstärke, wenn man sie belichtet, als wenn sie sich im Dunkeln befindet; ja mehr noch, auch feinere Schwankungen der Lichtintensität setzen sich vermittels der Selenzelle in korrespondierende Schwankungen der elektrischen Stromintensität.

Wie es die schematische Skizze Abb. 15 zeigt, wird die zu übertragende Photographie in Gestalt eines transparenten Films auf einen Glaszylinder aufgewickelt, und das Licht einer hel-

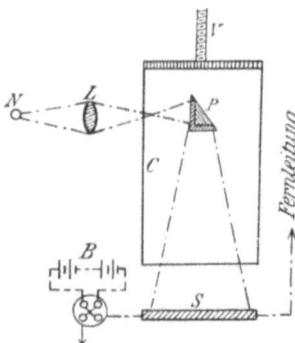

Abb. 15. *N* Nernstlampe, *L* Linsensystem, *B* Batterie, *P* Prisma, *S* Selenzelle.

len, konstanten Lichtquelle, z. B. einer Nernstlampe, mit Hilfe eines Linsensystems auf ein Element der Photographie konzentriert; das Licht durchdringt den Film und den Glaszylinder und wird durch einen Spiegel (ein total reflektierendes Prisma) im Innern des Zylinders auf eine unterhalb des Zylinders befindliche Selenzelle reflektiert. Die Selenzelle erhält auf diese Weise mehr oder weniger Licht, je nach der Durchlässigkeit, d. h. je nach der Tönung der Photographie, an der gerade von dem Lichtbündel durchsetzten Stelle. Der Zylinder wird durch einen Elektromotor in gleichmäßige Umdrehung versetzt, und zwar mit Hilfe einer Schraube auf der Achse so, daß er sich während jeder Umdrehung ein klein wenig in der Richtung der Zylinderachse verschiebt. Auf diese Weise werden alle Elemente der Photographie zeilenweise zwischen der Lichtquelle und der Selenzelle vorbeigezogen, und wenn man durch die Selenzelle den Strom einer konstanten Batterie über eine Fernleitung zu einer entfernten Empfangsstation sendet, werden die daselbst ankommenden Ströme in ihrer Intensität fortlaufend den Tönungen der Photographie an den im Geber von dem Lichtbündel durchsetzten Elementen entsprechen.

Unsere Abb. 16 zeigt das Schema der modernen Kornschen Anordnungen; bei 2 befindet sich die eben erwähnte Bildwalze, ein Hohlzylinder aus Glas von etwa 7 cm Durchmesser.

Der Zylinder, der durch den Motor 1 (mit einem Apparat 1′ zum Messen der Tourenzahl) in Umdrehung versetzt wird, hängt an der als Schraubenspindel ausgeführten Achse, die sich in einem feststehenden Muttergewinde dreht, so daß sich die Bildwalze bei jeder Walzenumdrehung um einen Millimeter hebt. Der Zylinder ist in eine lichtdichte Kamera eingeschlossen, in die durch eine kleine Öffnung das Licht der Nernstlampe 3 vermittels einer Linse 4 auf das totalreflektierende Prisma 5 fällt, welche das sich verbreiternde Lichtbündel auf die Selenzelle 6 wirft, die sich in dem Stromkreis

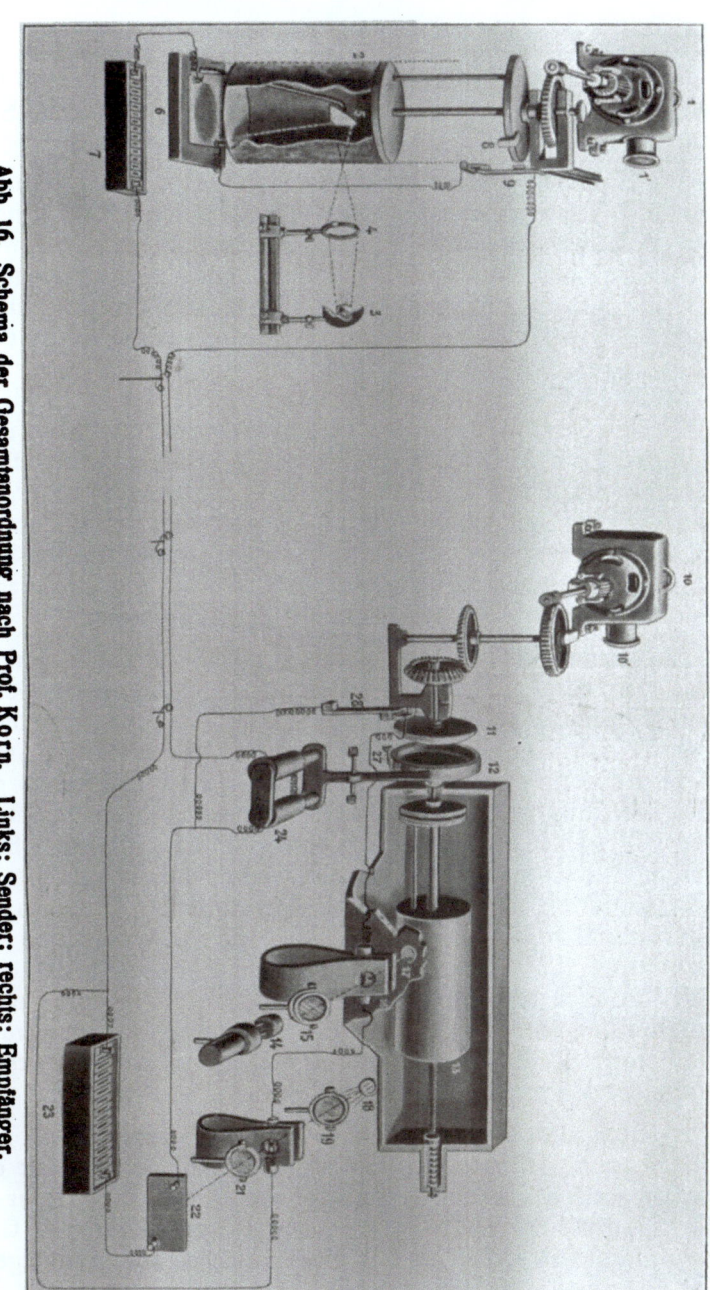

Abb. 16. Schema der Gesamtanordnung nach Prof. Korn. Links: Sender; rechts: Empfänger.

einer konstanten Batterie 7 befindet. Die Apparatteile 8 und 9 gehören zu der Vorrichtung zwecks Regelung des Synchronismus.

Im Empfänger rechts erblickt man bei 10 und 10′ den Motor mit Tourenzahlmesser, sowie bei 13 den Glaszylinder, auf den der durchsichtige Empfangsfilm aufgewickelt wird. 11 und 12 bedeuten Friktionsscheiben, um die Synchronismusvorrichtung zu betätigen. Auch hier im Empfänger kommt jetzt eine Nernstlampe 14 und ein Linsensystem 15 und 17 zur Anwendung. Bei 16 befindet sich das neue nachher beschriebene Saitengalvanometer. Man sieht ferner in 18 bis 22 Teile des Selenkompensators (auf den wir gleich noch zurückkommen), in 23 Batterie, in 24 und 25 Relais und Synchronismusvorrichtung, in 27 und 28 Nase und Unterbrecher, die dazu dienen, die empfindlichen Galvanometer jedesmal aus dem Stromkreis auszuschalten, bevor die Korrektion des Synchronismus geschieht. Unsere Abb. 17 zeigt die praktische Ausführung der Apparatur von der Empfängerseite.

Folgende wichtige Faktoren seien noch hervorgehoben: Es war zunächst dafür zu sorgen, daß die Drehungen im Geber und Empfänger so genau übereinstimmen, daß im Empfänger gerade das Element des Empfängerfilms belichtet wird, welches dem gleichzeitig im Geber belichteten Elemente des Originalfilms entspricht. Dieser wichtige „Synchronismus" der Bildwalzen beruht auf folgendem Prinzip: Die antreibenden elektrischen Motoren sind Nebenschlußmotoren, die an sich schon bis auf den Bruchteil eines Prozentes genau in der Tourenzahl zu regulieren sind. Man läßt nun absichtlich den Empfangszylinder um etwa ein Prozent schneller gehen und hält ihn nach jeder Umdrehung automatisch durch eine Sperrvorrichtung an; diese kann erst wieder durch einen Stromstoß vom Sender her ausgelöst werden, wenn die Senderwalze genau nachgekommen ist.

In den alten Apparaten von Professor Korn betrug die Übertragungszeit eines Bildes noch 40 Minuten, was für die Praxis natürlich erheblich zu viel war. Die Ursache war in der Trägheit des ursprünglich benutzten gewöhnlichen Galvanometers zu suchen und in einer mißlichen Trägheitseigen-

Abb. 17. Praktische Apparatur von der Empfängerseite.

schaft[1]) der Selenzelle; das Selen folgt in seinen Widerstandsänderungen den Belichtungen nämlich nicht instantan, sondern es behält gewissermaßen alle Eindrücke ein wenig zurück. Eine Selenzelle, welche längere Zeit belichtet und plötzlich

---

[1]) Vgl. speziell „Die Trägheit von Selenzellen" von Prof. Glatzel, in Verh. D. Physikal. Ges. XIII. Jahrgang Nr. 20, 1911. Ferner: Dr. Chr. Ries: Die elektrischen Eigenschaften und die Bedeutung des Selens für die Elektrotechnik (Verlag: Administration von „Der Mechaniker" Berlin 1913).

Abb. 18. Übertragungsprobe.

ins Dunkle gebracht wird, nimmt nicht sofort den großen Widerstand an, welchen sie besitzt, wenn sie längere Zeit im Dunkeln gelegen hat. Prof. Korn beseitigte diesen Übelstand (allerdings ein wenig auf Kosten der Empfindlichkeit) weitgehend durch seinen „Selenkompensator." Der zugrundeliegende Gedanke ist folgender: Denken wir uns zwei Selenzellen in derselben Weise belichtet, und treffen wir eine Einrichtung, bei welcher sich die Wirkungen der beiden Zellen entgegenarbeiten, dann wird offenbar eine verschwindende Wirkung resultieren, wenn die bei den Zellen völlig gleiche Eigenschaften haben. Wir können nun aber Zellen mit sehr verschiedenen Eigenschaften konstruieren, solche, welche sehr empfindlich und wenig träge sind, und solche, welche weniger empfindlich und erheblich träger sind; wenn man nun zwei Zellen von solch verschiedener Natur einander entgegenschaltet, kann man erreichen, daß doch noch eine genügend große Differenzwirkung übrigbleibt, daß aber die Differenzwirkungen die Trägheitserscheinungen erheblich vermindert zeigen. Es wird also die zweite Zelle (die Kompensationszelle) so gewählt, daß sie weniger empfindlich ist, aber größere Trägheitserscheinungen aufweist als die erstere Zelle (Fühlerzelle).

Das neue Saitengalvanometer beruht auf dem bekannten Einthovenschen Prinzip: Zwischen den Polen eines kräftigen

Elektromagneten verlaufen zwei feine Metallfäden[1]), und auf denselben ist in der Mitte ein winziges (1 mm² großes) Aluminiumblättchen gegenüber zwei Öffnungen in den Polschuhen der Elektromagnete befestigt. Wenn das Fadensystem von einem elektrischen Strome durchflossen wird, so findet eine Ablenkung des Systems, also auch des Aluminiumblättchens in der Ebene senkrecht zu den Kraftlinien des Magneten nach oben oder nach unten statt, je nach der Stromrichtung, und zwar ist die Ablenkung um so größer, je größer die Intensität der durch das Saitengalvanometer gehenden Ströme ist. Wie aus der Abbildung zu ersehen ist, wird die optische Einstellung nun so gemacht, daß das Licht der Nernstlampe mit Hilfe einer Linse auf das Blättchen konzentriert, und daß mit Hilfe einer zweiten Linse ein reelles Bild des Blättchens auf die Öffnung des Empfangskastens geworfen wird, und zwar so, daß der Schatten des Blättchens die Öffnung ganz ver-

Abb. 18a. Übertragungsprobe.

---

1) Neuerdings wird vielfach ein dünnes Metallband als Leiter benutzt, dessen Ebene zu den magnetischen Kraftlinien genau senkrecht steht. Durch Benutzung von Ruhestrom, dem der Empfangswechselstrom überlagert wird, erhält man eine große Richtkraft; für aperiodische Einstellung sorgt die Dämpfung mittels Parallelwiderstand, wodurch sich allerdings der Strombedarf der an sich recht empfindlichen Anordnung auf die Größenordnung 10 mA erhöht. v. Mihaly benutzt Schleifendrähte mit ganz minimalem Abstand und gibt an, damit 50000 Hertz registrieren zu können bei einigen mA.

deckt, wenn kein Strom vom Geber ankommt; wenn aber ein Strom vom Geber kommt, wird das Blättchen abgelenkt, der Schatten desselben macht die Öffnung, welche in den Empfangskasten führt, mehr oder weniger frei, je nach den Intensitäten der ankommenden Ströme, und so wird jedes Element des Empfangsfilms mehr oder weniger belichtet, je nach den Ablenkungen des Aluminiumblättchens, d. h. je nach der Intensität der Linienströme bzw. je nach der Tönung der entsprechenden Elemente der Originalphotographie im Geber. Wenn also die Zylinder im Geber und Empfänger synchrone Bewegungen ausführen, so muß das Bild auf den Empfangsfilm Zeile für Zeile mit seinen Tönen reproduziert werden.

Die Eigenschwingungszahl derartiger Systeme liegt oberhalb 2000 Hertz, so daß man bis über 1500 Hertz damit registrieren kann.

Die Transmissionsdauer für unsere Abbildungen in Abb. 18 und 18a, die an Güte gewiß recht befriedigend ist und die zwischen Paris und London aufgenommen wurde, betrug nur noch 12 Minuten.

Schon im Jahre 1907 sind zahlreiche derartige Fernübertragungen auf Telegraphenleitungen und Kabeln zwischen Berlin (Telegraphen-Versuchsamt) und München (Physikalisches Institut der Universität), dann zwischen Berlin und Paris und zwischen Paris und London, sowie zwischen einigen anderen Großstädten ausgeführt worden. Auch für die ohne weiteres mögliche drahtlose Übertragung ist die Selen-Methode von Prof. Korn in späteren Jahren mit Erfolg versucht worden, wie in vorerwähnter Literatur, speziell im Schlußkapitel seines Werkchens in Sammlung Göschen, nachgelesen werden kann. Für eine allgemeine praktische Anwendung der Bildtelegraphie, sogar nur für den einfachsten Fall der Bildübertragung etwa eines Briefes oder eines Telegramms in der Handschrift des Absenders, sind aber Minuten noch eine viel zu große Transmissionsdauer, vielmehr darf der Sender für diese Leistung nur während Sekunden in Anspruch genommen werden. Dies setzt praktische Trägheitslosigkeit im Sender und auch im Empfänger voraus, welche Forderung mit der Selenzelle im ersteren und dem Saitengalvanometer im letzteren nicht realisierbar ist. In ingeniöser Weise ist dieses Problem nunmehr aber gelöst durch ein neues System schneller drahtloser Bildübertragung, mit dem wir uns im nächsten Kapitel beschäftigen.

Photozelle-Methode: Zur Anwendung kommt dabei im Sender eine zweite Methode der lichtempfindlichen Zellen, nämlich diejenige der sog. Photozelle, mit der wir uns nachher eingehend befassen werden.

# BILDFUNK

Für die drahtlose Übertragung getönter Bilder stehen uns die von der drahtlosen Telephonie (Radio oder Rundfunk) heutzutage ja allgemein bekannten modulierten Wellen zur Verfügung, unter Benutzung ungedämpfter elektrischer Schwingungen, die durch Röhrensender oder Hochfrequenzmaschinen erzeugt werden.[1])

Unter Modulation einer Schwingung versteht man die Beeinflussung einer ungedämpften Schwingung durch andere Schwingungen geringerer Frequenz. Bei allen gebräuchlichen Verfahren im Rundfunk findet die Übertragung der Sprache und Musik durch Modulation der Hochfrequenzschwingungen statt, indem die Amplitude derselben in ihrer Größe im Rhythmus der niederfrequenten Sprachwellen geändert wird; die Sprachschwingungen sind quasi aufgedrückt.

Mathematisch betrachtet, ist die modulierte Trägerschwingung von der Hochfrequenz $\omega$ zunächst aufzufassen als Überlagerung der Trägerschwingung $A \sin \omega t$ mit der in sinusförmige Teilschwingungen aufgelöste Sprachschwingung $a \cdot \sin mt$, wo $m$ den Wert der zu übertragenden Sprach- oder Musikfrequenz bedeutet. Daraus ergibt sich für die modulierte Schwingung der Ausdruck

$$(A + a \sin mt) \sin \omega t \quad \text{oder} \quad A \sin \omega t + a \cdot \sin mt \sin \omega t,$$

und da $\quad \sin \alpha \cdot \sin \beta = \tfrac{1}{2} \cos(\alpha - \beta) - \tfrac{1}{2} \cos(\alpha + \beta),$

so wird der Ausdruck für die modulierte Schwingung:

$$A \sin \omega t + \frac{\alpha}{2} \cos(\omega - m)t \cdot \frac{\alpha}{2} \cos(\omega + m)t.$$

Sie läßt sich also gewissermaßen zusammengesetzt denken aus drei

---

[1] Wir verweisen bei dieser Gelegenheit auf die sehr empfehlenswerten Bücher von Regierungsrat Dr. Carl Lübben in der Sammlung „Die Hochfrequenztechnik" Band 1 u. 7 (Verlag Hermann Meusser, Berlin 1925).

Teilschwingungen, von denen eine die Amplitude $A$ mit der Frequenz $\omega$, die beiden anderen aber mit Frequenzen $\omega + m$ bzw. $\omega - m$ die Amplitude $\frac{\alpha}{2}$ besitzen.

Die ursprüngliche Hochfrequenzwelle mit der Frequenz $\omega$ bezeichnet man entsprechend als **Trägerwelle**, die Welle von der Frequenz $m$, in deren Rhythmus die Amplitude der Trägerwelle moduliert ist, als **Modulationswelle**. In der modulierten Welle treten demnach die Trägerfrequenz $\omega$, die Summe $\omega + m$ und die Differenz $\omega - m$ auf. Da die Frequenzen dieser beiden Teilwellen zu beiden Seiten der Trägerfrequenz liegen, so bezeichnet man diese Teilwellen auch als obere und untere Seitenwelle.

Bei der Übertragung von Sprache und Musik ist die Modulationswelle nicht eine einfache Sinuswelle, sondern aus zahlreichen Frequenzen zusammengesetzt, die teils gleichzeitig, teils in schneller Aufeinanderfolge auftreten, d. h. es ist ein ganzes **Frequenzband** vorhanden, dessen Breite für Sprach- und Musikwellen von kleinen Werten unter 100 bis zu 20000 und noch höher reicht. Die Abstimmkreise müssen für das ganze Band durchlässig sein; ihre Resonanzkurve darf demnach nicht zu spitz sein.

Der bekannte Radio-Empfangsspezialist Prof. **Dr. Esau** (Jena) faßt die bei der **Radiotelephonie** also wesentlich ungünstiger (gegenüber der Radiotelegraphie) liegenden Verhältnisse in einem Aufsatz in der „Radio-Umschau" Heft 14, 1925 treffend wie folgt zusammen: „Man hat eine **Vielheit von Wellenlängen** vor sich, die auf den Empfänger einwirken; sie alle müssen in ihm zur Wirkung gebracht werden, wenn eine getreue Wiedergabe erzielt werden soll, und zwar nicht nur der Zahl nach, sondern auch den gegenseitigen ursprünglich am Sender vorhandenen Stärkeverhältnissen entsprechend. Daraus geht ohne weiteres hervor, daß bei einem sehr schwach gedämpften Empfänger zwar die Trägerwelle und die ihr unmittelbar benachbarten Frequenzen richtig wiedergegeben werden, nicht aber die weiter abliegenden, die stark abgeschwächt oder gar nicht in die Erscheinung treten. Das ist der Grund, warum bei derartigen Empfängern tiefe Sprachlagen im allgemeinen noch recht gut wiedergegeben werden, nicht aber die hohen Töne der Musik, deren Seitenbänder eine viel größere Ausdehnung haben als bei der Sprache. In dem Bereich der kleinen Rundfunkwellen von 250—700 m spielt der Einfluß der Empfängerdämpfung praktisch beim Telephonie-Empfang keine Rolle, da die entsprechenden Frequenzen sehr groß im Verhältnis zu denen der Töne sind, und das Seitenband infolgedessen relativ sehr schmal ist. Außerdem ist hier im allgemeinen die Dämpfung der Empfänger nicht so klein, daß Verzerrungen auftreten können. Wenn man aber durch Rückkopplung den am Gitter liegenden Kreis künstlich entdämpft, so kann man deutlich beobachten, wie allmählich die Sprache immer undeutlicher wird. Hierin besteht ein wesentlicher Unterschied gegenüber dem Telegraphie-Empfang, wo die Entdämpfung der Kreise viel weiter getrieben werden kann. Allerdings darf man hierbei auch nicht über eine gewisse Grenze hinausgehen, da sonst die Zeichen sehr weich und hallend werden, was für ihre Aufnahme ungünstig ist; auch die atmosphärischen Störungen nehmen dann leicht einen unangenehmen, dem Empfang nachteiligen Toncharakter an." Empfängt man Telephonie auf großen Wellenlängen von mehreren tausend Metern, so tritt leicht an und für sich auch ohne Anwendung von Rückkopplung schon eine Verzerrung der Sprache ein, da, wie aus dem Vorhergehenden ohne weiteres ersichtlich, die Seitenbänder prozentual viel breiter sind und die Dämpfung infolge der niederen Frequenz viel kleiner ist. Diese heute vollständig einleuchtenden Feststellungen waren zu Beginn der Radiotelephonie auch den alten erfahrenen Pionieren der „Drahtlosen" recht befremdlich. Im Sender hat man noch bei der Radiotelephonie ganz besonders auf die mögliche Verzerrung infolge Übersteuerung der Röhre zu achten, d. h. daß die Charakteristik über ihren linearen Teil hinaus beansprucht wird. Die Röhre ist also in bezug auf die Größe des Anodenstromes zu wählen und die Gitterspannung genau anzupassen. —

Alle diese Gesichtspunkte bei der akustischen Modulation gelten auch für die optische Modulation (die sie veranlassende Photo- oder Lichtzelle befindet sich schaltungsmäßig an der Stelle, wo im Rundfunksender für die akustische Modulation das Mikrophon eingefügt ist) im Bildfunk. Bedenkt man dabei, daß die an sich schon **ziemlich hohen Bildpunktfrequenzen**, die sich bei der schnellen elektrischen Auswertung der Helligkeitswerte bzw. der Hell-Dunkel-Verteilung des Sendebildes ergeben, als Modulationen einer **noch entsprechend höheren Trägerfrequenz** zu übermitteln sind, so erkennt man, daß allein die **drahtlose** Methode für die Steigerung der Geschwindigkeit der Bildübertragung unter Benutzung relativ „**kurzer Wellen**" in Betracht kommt, was wir später noch näher zu erörtern Gelegenheit haben werden (s. S. 70).

Zwei Gesichtspunkte beherrschen die neuere Entwicklung der Phototelegraphie: Überwindung großer Entfernungen und Steigerung der Übermittlungsgeschwindigkeit. Die erstgenannte Bedingung ist durch die **Elektronenröhre** erfüllt worden, der zweitgenannten genügt die **drahtlose** Übertragung unter Anwendung **trägheitsfreier** Tast- und Steuermittel, was, wie schon angedeutet, in noch höherem Maße möglich sein wird, wenn es gelingt, auch **die kurzen elektrischen Wellen** von der Größenordnung 10 bis 100 m, die bereits erfolgreich für die radiotelegraphische transozeanische Nachtverbindungen benutzt werden, in den Dienst der Bildtelegraphie zu stellen, zumal bei Empfang kurzer Wellen die atmosphärischen Störungen sich ganz erheblich weniger bemerkbar machen.

## System Karolus-Telefunken

Nach diesen Gesichtspunkten hat die **Telefunken-Gesellschaft** in Berlin im Verein mit Prof. Dr. **Karolus** in Leipzig ein neues System entwickelt, dessen technischen Aufbau wir nunmehr näher betrachten wollen.

**Sender:** Der wichtigste Bestandteil im **Sender** ist die lichtelektrische Zelle, jetzt kurz als **Photozelle** bezeichnet, die wieder als Umformer von Lichteindrücken in elektrische Energie dient. Auf den wirklichen Erfinder der „Drahtlosen", **Heinrich Hertz**, gehen auch die ersten lichtelektrischen Versuche zurück durch Bestrahlung der **negativen** Kugelelektrode einer Funkenstrecke, wodurch deren Schlagweite vergrößert wurde. Einige Jahre später wies **Hallwachs** nach, daß negativ geladene Körper bei Bestrahlung mit ultraviolettem Licht negative Elektrizität (Elektronen) verlieren („lichtelektrischer Effekt"). Spätere Versuche von Elster und Geitel ergaben, daß bei den Alkalimetallen, z. B. Kalium, auch bei Bestrahlung mit sichtbarem Licht (Sonnenlicht, Bogenlampe, Glühlampe, Kerze usw.) unter geeigneten Umständen eine Abspaltung von Elektronen erfolgt, und daß, was praktisch das

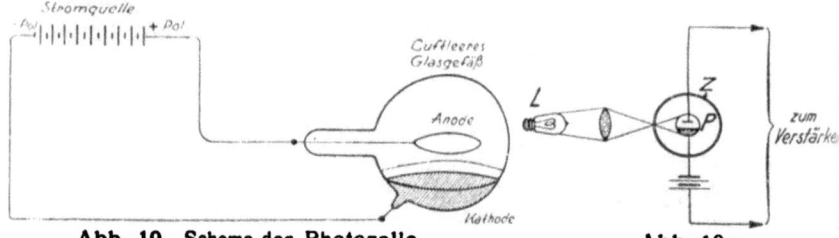

Abb. 19. Schema der Photozelle.   Abb. 19a.

Wichtigste ist, die Zahl derselben ganz streng der Intensität des einwirkenden Lichtes für jeden Bereich von Meterkerzen bis zum Sonnenlicht direkt proportional ist. Dabei folgt die Zelle den Schwankungen der Lichtwechsel ohne merkliche Verzögerung, also trägheitslos. Man stelle sich nach Abb. 19 u. 19a ein luftleer gemachtes Glasgefäß vor, mit einem ringförmigen Draht als Anode, die mit dem positiven Pol einer Stromquelle verbunden ist, und gegenüber die Kathode in Verbindung mit dem negativen Pol. Diese Kathode besteht aus Kalium (oder Rubidium) und ist so ausgestaltet, daß sie einen Teil der inneren Glaswand bedeckt. Wird die Kathode belichtet, so spalten sich Elektronen ab, und die Stromstärke ändert sich entsprechend den Belichtungsänderungen. Auf Anregung von Dr. Karolus und Dr. Fritz Schröter (Telefunken) hat die Thüringer Vakuumröhrenfabrik Otto Pressler in Leipzig die sog. Maschenzelle ausgebildet und stellt sie für verschiedene Bedürfnisse der Technik und Wissenschaft fabrikmäßig her. Diese Maschenzelle, deren Dunkelwiderstand praktisch unendlich groß ist, enthält Kalium, welches vorher einem gründlichen Reinigungsverfahren unterworfen worden ist und eine hydrierte Oberfläche besitzt. Das Zellengefäß ist entweder gasfrei oder enthält ein gereinigtes Edelgas von bestimmter Dichte. Nach der maschenförmigen Anode trägt die Zelle ihren

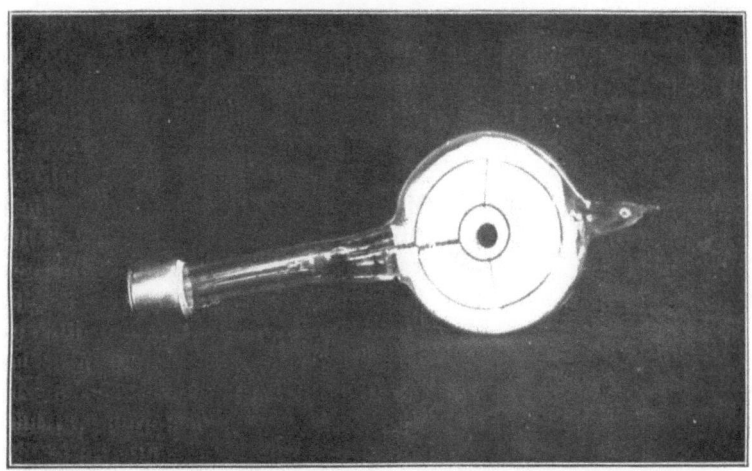

Abb. 20. Ringförmige Telefunken-Photozelle nach Dr. Schriever.

Namen, die also ein trägheitsloses Lichtrelais darstellt. Die Empfindlichkeit beträgt etwa $1,0 \times 10^{-8}$ Amp. für die Meterkerze, d. h. es fließt bei Annäherung einer Glühlampe von 25 Kerzen auf 50 cm Abstand von der Zelle ein Strom von etwa $1,0 \times 10^{-6}$ Amp.; dieser von den ausgetriebenen Elektronen gebildete schwache elektrische Strom kann natürlich nach der modernen Röhrenmethode beliebig verstärkt werden. Die besondere äußere Form dieser Photozelle zeigt Abb. 20. Das Glasgefäß hat die Gestalt eines breiten Glasringes, so daß sich in der Mitte ein Loch befindet. Durch dieses Loch hindurch wird der Lichtstrahl auf das abzutelegraphierende Bild gelenkt, das als solches benutzt wird. Die Helligkeitsauswertung des zu übertragenden Originals geschieht also erstmalig durch Reflexion unter Ausnutzung der verschiedenen Tönungen, indem beim Hinweggleiten der helleren oder dunkleren Bildelemente unter dem nadelscharfen Brennfleck von $0,04$ mm$^2$ der Spitze eines intensiven Lichtkegels, der vermittels der bekannten synchron (mit der Bildwalze im Empfänger) rotierenden und axial gleitenden Trommel eine feine Schraubenlinie von nur $1/_5$ mm Ganghöhe auf der Bildfläche beschreibt, mehr oder weniger Licht auf die photoelektrische Vakuumzelle zurückgeworfen wird. Die ringförmige Ausbildung der letzteren gestattet, mit der auffangenden photoaktiven Kaliumfläche nahe an die Trommel, auf die das Bild aufgespannt ist, heranzugehen, so daß fast alles durch die zentrale Öffnung des Ringes auf die Bildfläche gelangende Licht bei der Reflexion erfaßt wird. Nach dieser Methode ist es möglich, das Originaldokument selber zu übertragen und also die zeitraubende Herstellung eines bisher benötigenden Zwischenbildes als durchsichtiger Film für durchfallendes Licht zu ersparen. Die Telefunken-Photozelle ist bis zu Frequenzen von mehreren 100000 Hertz trägheitsfrei und gestattet infolge ihrer großen Empfindlichkeit mit relativ geringer Verstärkung auszukommen.

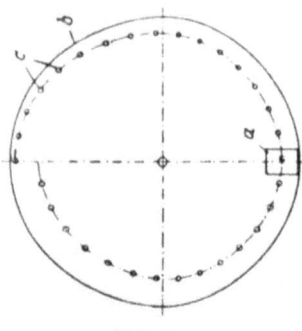

Abb. 21a.
Schema der Lochblenden.

Für das Senden von beispielsweise 100000 Bildelementen in der Sekunde würde man am einfachsten Lochblenden an der Peripherie einer rotierenden Scheibe verwenden. Sind die einzelnen Löcher, die als Blenden dienen, derartig spiralig an der Peripherie angeordnet (s. Abb. 21a), daß sie gegeneinander nach dem Zentrum der Scheibe zu um die jeweilige Rasterbreite versetzt sind und sich auf der Spirale in Längen, die der Breite des Bildes entsprechen, folgen, so muß bei einer Umdrehung das ganze Bild durch die nacheinanderfolgenden Blenden hindurch belichtet werden. So erhält man sozusagen ein Strichraster für das Bild. Hat der Motor, der die rotierende Scheibe antreibt, etwa 10 Umdrehungen in der Sekunde, so müssen für ein 12 cm breites Bild 120 Lochblenden von je 1 mm$^2$ Durchmesser in Spiralenanordnung so liegen, daß sie nacheinander das Bild bei einer Umdrehung des Motors überstreichen. Auf diese Weise gelingt es, in einem Streifenraster von 1 mm$^2$ Breite ein Bild von 100 cm$^2$ in $^1/_{10}$ Sekunde zu belichten, so daß 10000 Teilbilder in $^1/_{10}$ Sekunde ihre jeweilige Lichtintensität nacheinander in eine lichtelektrische Zelle senden. Diese 10000 Lichteindrücke in $^1/_{10}$ Sekunde werden dann die gleiche Anzahl Spannungsschwankungen in der lichtelektrischen

**Bildfunk. System Karolus-Telefunken**

Abb. 21b. Bildwalze im Sender.

Zellenanordnung erzeugen. Werden diese alsdann dem Gitter einer Senderöhre zugeführt, so werden demnach 100000 Spannungsschwankungen in der Sekunde als Modulation der Sendewelle der Elektronenröhre des Senders aufgedrückt.

Stillschweigend nahmen wir gleiche Vorgänge wie beim akustischen Rundfunk an, bei dem heute schon Tonfrequenzen von 10000 und mehr pro Sekunde (mit entsprechenden Amplitudenänderungen der Hochfrequenz-Trägerwelle) ganz einwandfrei übertragen werden. Jeder Fachmann ist sich aber darüber klar, daß es in der Praxis noch manche Nuß zu knacken geben wird, bevor nach der angenommenen glatten Aufnahme von 100000 Lichtimpulsen durch die lichtempfindliche Zelle die Modulation bei 100000 Amplitudenänderungen ebenso glatt verläuft; ob überhaupt eine einzige Welle eine derartige Modulation betriebsmäßig zuläßt, scheint bis jetzt noch nicht sicher festzustehen. Nicht geringer werden die Schwierigkeiten bei der Demodulation im Empfänger sein, wo diese hochmodulierte Welle wieder umgewandelt werden muß in elektrische Ströme bzw. Spannungen gleicher Form, die dann vor ihrer Umwandlung in Lichtwerte entsprechend verstärkt werden können.

Da man in unserem Beispiel rechnen muß, daß mindestens 10 Hochfrequenzschwingungen als Träger für die einzelne Modulation erforderlich sind, so kommt man mit einer 300 m-Welle aus, der ja eine Frequenz von 1 Million entspricht. Zweckmäßiger sind aber noch kürzere Wellen.

Die praktische Ausführung der Bildwalze mit Zubehör im Sender zeigt Abb. 21 b.

Die nächste Abb. 22 veranschaulicht die Kombination der Photozelle mit dem Sender, dessen prinzipielles Schaltbild in Abb. 23 zu sehen ist, das in unserer Zeit der Radio-Amateure keiner näheren Erläuterung bedarf. Als Sender selbst arbeitet der Telefunken-Röhrensender mit Gittergleichstrombesprechung,[1]) der wohl heute der beste existierende Radio-Telephoniesender ist, bei dem schon sehr geringe Modulations-

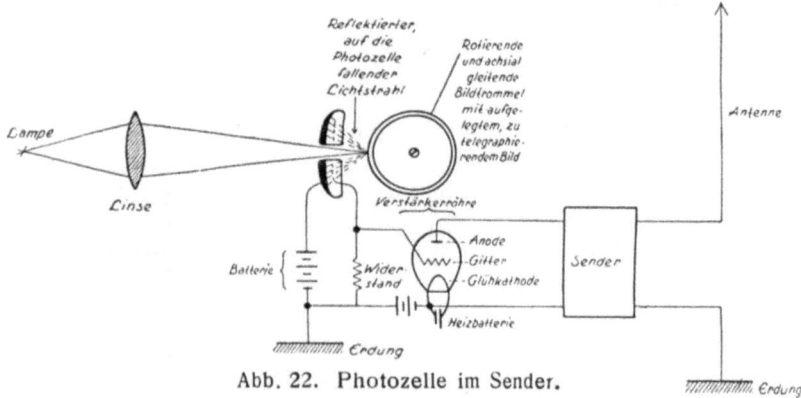

Abb. 22. Photozelle im Sender.

leistungen zur Aussteuerung genügen. Benutzt wird die Schäffersche Schaltung, die auf der Steuerung des Gittergleichstromes beruht und den Widerstand zwischen Gitter und Kathode nach Maßgabe der Sprechströme (bzw. Bildströme in unserem Falle) beeinflußt. Durch die Einwirkung der Modulationsspannungen auf die im Gittergleichstromwege liegende Modulationsröhre wird der Antennenstrom variiert. Innerhalb des gradlinigen Teiles der Telephoniecharakteristik des Senders verläuft die Änderung des Antennenstromes durchaus proportional der aufgebrachten Modulationsspannung und frequenzunabhängig. Man hat nach diesem Prinzip den großen

---

1) Natürlich sind alle für Radiotelephonie in Betracht kommenden Senderschaltungen anwendbar, z. B. die besonders in England gebräuchliche Heisingsche Methode (Anodensprechschaltung). Ein sehr gutes Buch von Dr. P. Lertes, „Die Telephonie-Sender" (Verlag J. Springer-Berlin), orientiert über alle bestehenden Schaltungen.

Vorteil, daß zur Steuerung der zwischen Gitter und Kathode der großen Senderöhre liegenden Beeinflussungsröhre eine kleine Röhre für verhältnismäßig geringe Leistung genügt, und daher schon sehr schwache Wechselspannungen ausreichen, so daß man also mit geringer Vorverstärkung auskommt.

Empfänger: Die durch die Teilbilder des zu übermittelnden Vorgangs erzeugten Spannungsschwankungen müssen nun in gleicher Zeitfolge wie sie gesendet wurden, am Empfangsort ebensoviele Teilbildchen erzeugen, die in einer Sekunde ihr Licht dem Empfänger zuführen. Dazu ist zweierlei erforderlich.

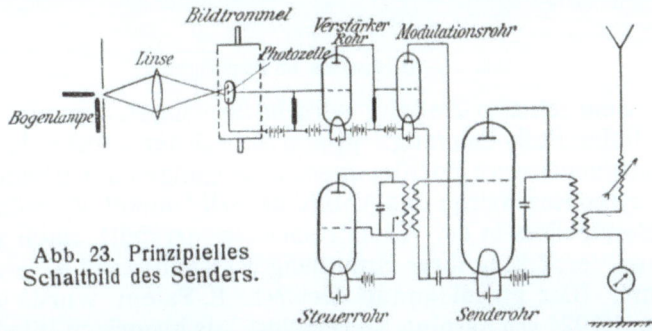

Abb. 23. Prinzipielles Schaltbild des Senders.

Erstens vollkommener Synchronismus der gesandten mit den empfangenen Teilbildern, d. h. vollkommene, nur durch die Lichtausbreitung verschobene Folge der am Empfangsort erscheinenden Bilder gegenüber denen am Aufnahmeort. Es muß also der Motor mit der durchlöcherten Scheibe am Sender genau synchron und konphas rotieren wie ein gleicher Motor, der am Aufnahmeort eine gleichartig durchlochte Scheibe bewegt (s. praktische Ausführungsform der Bildwalze in Abb. 24) und dadurch das Licht am Empfangsort wieder in die übertragenen Teilbilder zerlegt. Zweitens muß im Empfänger ein Mechanismus vorhanden sein, der die übertragenen Spannungsschwankungen des Senders, die durch die geringe Lichtintensität der kleinen Teilbilder erzeugt wurde, so verwertet, daß die entstehenden, zeitlich veränderlichen Empfangsströme sich in örtlich veränderliche Belichtungsintensitäten eines Films transformieren bzw. daß ein lichtstarkes dem Original möglichst gleiches Gebilde sich aus ihnen am Empfangsort zusammensetzt.

Abb. 24. Bildwalze im Empfänger.

Zu dem letzteren Zwecke wird im Empfänger, der ein gewöhnlicher Radio-Empfangsapparat ist, nach der Demodulation der aufgenommenen Hochfrequenzschwingungen die erhaltene Niederfrequenz, welche das Abbild der Hell-Dunkel-Verteilung des Sendebildes in der Abtastreihenfolge darstellt, nach gehöriger Verstärkung ihrer Spannung der Karolus-Zelle zugeführt. (Das grundlegende Deutsche R.-Patent wurde am 29. Juni 1924 von Karolus angemeldet. Als historisch interessant sei hinzugefügt, daß, ehe noch das Problem des „Fernsehens" überhaupt ernstlich gestellt war, im Jahre 1890 schon Sutton die Verwertung des Kerreffekts in Schwefelkohlenstoff für das Fernsehen beschrieb ... auf dem Papier. Erst Karolus hat aber durch eine Reihe wichtiger Erfindungseinzelheiten den Gedanken praktisch verwirklicht und so das Problem grundsätzlich gelöst.)

Kerr-Karolus-Zelle: Dieselbe verwertet die zuerst von dem amerikanischen Forscher Kerr entdeckte Erscheinung, daß ein polarisierter Lichtstrahl beim Durchgang durch gewisse Flüssigkeiten, in denen ein elektrisches Feld herrscht, doppeltbrechend wird, und zwar proportional dem Quadrate der Feldstärke. Die Karolus-Zelle besitzt eine Schaltung, die eine direkte Proportionalität zwischen elektrischer Spannung und der Stärke der Doppelbrechung erzeugt. Als Flüssigkeit eignet sich vor allem Nitrobenzol. Wird nun der Lichtstrahl einer intensiven Lichtquelle durch ein Nicolsches Prisma polarisiert und zwischen zwei Kondensatorplatten in Nitrobenzol so hindurchgesandt, daß die Polarisationsebene gegen die Platten um 45 Grad geneigt ist, so kann bei Eintreten des Lichtes in ein zweites Nicolsches Prisma dieses so gedreht werden, daß das Licht vollkommen ausgelöscht wird. Dann herrscht Dunkelheit auf dem Schirm oder in der lichtelektrischen Zelle hinter dem zweiten Nicolschen Prisma. Erhält aber der Kondensator elektrische Spannung, so wird das Licht proportional der anliegenden Spannung aufgehellt. Das Licht tritt also durch einen Nicol unter 45 Grad Neigung gegen die Feldrichtung polarisiert ein und

Abb. 25. Karolus-Zelle.

wird im elektrischen Feld in zwei sich mit verschiedener Geschwindigkeit durch die Flüssigkeit fortpflanzende Teilstrahlen zerlegt, die nach dem Austritt in einem zweiten Nicol interferieren, wobei je nach der steuernden Spannung eine verschiedene Helligkeit resultiert. Es handelt sich dabei nicht um eine Drehung der Polarisationsebene des Lichts (wie besonders in der populären Literatur zu lesen war), wie sie z. B. beim Quarz und für Zuckerlösungen bekannt ist, sondern eben um eine Doppelbrechung im elektrischen Feld, durch welche eine Verwandlung linear polarisierten Lichtes in zirkular polarisiertes Licht eintritt, indem die beiden Teilschwingungen, in die das Licht aufgespalten wird, sich zu einer einzigen zirkular (elliptisch im Falle einer gewissen Phasendifferenz) polarisierten Lichtschwingung wiedervereinigen, die bei keiner Nicolstellung vollständig ausgelöscht werden kann. Die wirksame Anordnung ist somit die folgende: Stehen z. B. die beiden Platten des Kondensators, zwischen denen sich der mit Nitrobenzol gefüllte Trog befindet, wagerecht, verlaufen also die elektrischen Kraftlinien zwischen ihnen lotrecht, so müssen die Stellungen der beiden Nicols ein liegendes Kreuz bilden, d. h. die beiden Polarisationsebenen müssen sowohl mit der Richtung der Flächen als auch mit der Richtung des Kraftfeldes Winkel von je 45 Grad einschließen. Bei anfänglicher vollkommener Dunkelheit des

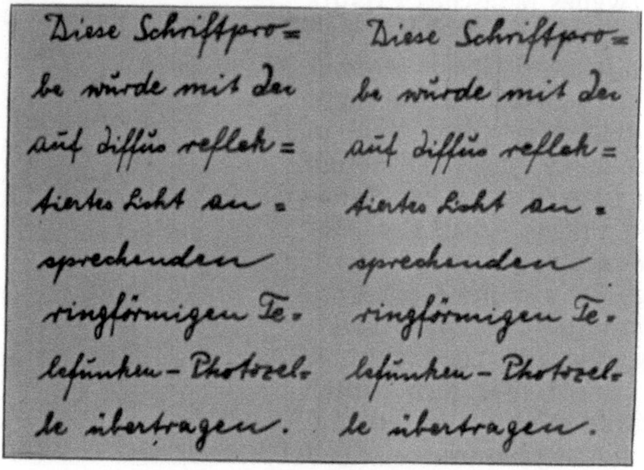


Abb. 26. Übertragungsprobe.

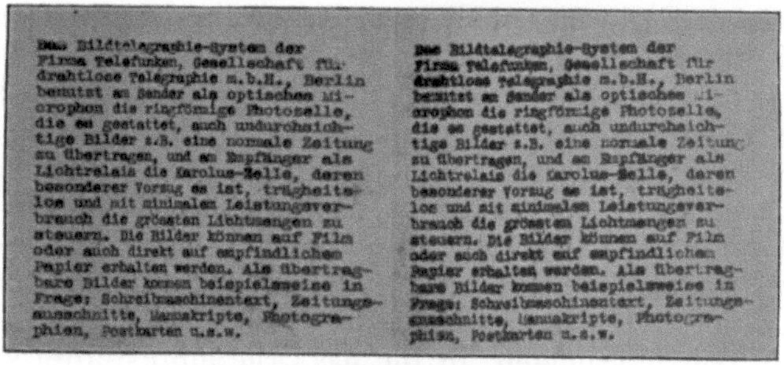
Das Bildtelegraphie-System der
Firma Telefunken, Gesellschaft für
drahtlose Telegraphie m.b.H., Berlin
benutzt am Sender als optisches Mi-
crophon die ringförmige Photozelle,
die es gestattet, auch undurchsich-
tige Bilder z.B. eine normale Zeitung
zu übertragen, und am Empfänger als
Lichtrelais die Karolus-Zelle, deren
besonderer Vorzug es ist, trägheitslos und mit minimalem Leistungsverbrauch die grössten Lichtmengen zu
steuern. Die Bilder können auf Film
oder auch direkt auf empfindlichen
Papier erhalten werden. Als übertrag-
bare Bilder kommen beispielsweise in
Frage: Schreibmaschinentext, Zeitungs-
ausschnitte, Manuskripte, Photographien, Postkarten u.s.w.

Abb. 27. Übertragungsprobe.

Gesichtsfeldes ruft alsdann eine kleine angelegte elektrische Spannung jene Doppelbrechung in dem Nitrobenzol hervor, die sich durch Aufhellung des Gesichtsfeldes hinter dem zweiten Nicol kundgibt. (Vgl. eine ausführliche Darstellung „Die Wirkungsweise der Karolus-Zelle beim Fernsehen" von Prof. Dr. K. Lichtenecker in Heft 33, 1926 der „Umschau", Bechhold Verlag Frankfurt a. M.) Da das Nitrobenzol ein Isolator ist, so wird hierbei kein Strom zwischen den kleinen Kondensatorplatten fließen. Also wird unter Aufwand einer minimalen Energie, die zur Aufladung des Kon-

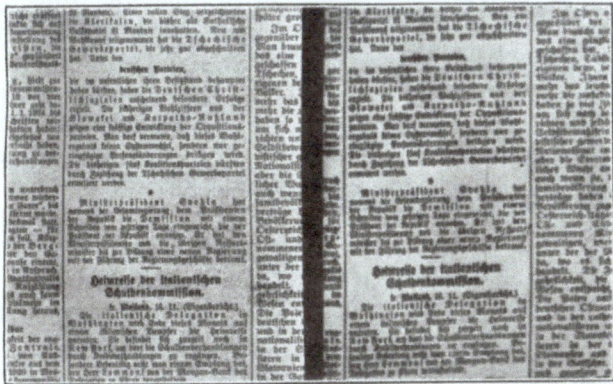

Abb. 28. Übertragungsprobe.

Abb. 29. Übertragungsprobe (Prof. Karolus).

densators erforderlich ist, die beliebig große Lichtenergie der in die Karolus-Zelle eintretenden Beleuchtungslampe gesteuert. Eine solche Einrichtung, die mit minimalem Energieverbrauch eine örtlich vorhandene Energiequelle proportional mit der Stärke der Einwirkung beeinflußt, heißt ein quantitatives Relais. Die Karolus-Zelle ist ein quantitatives Lichtrelais von enormem Wirkungsgrad. Bei verschwindender

Abb. 30. Übertragungsprobe (Graf v. Arco).

Steuerleistung steuert sie quantitativ die einfallende Lichtmenge und besitzt auch die Eigenschaft vollkommener **Trägheitslosigkeit**, d.h. sie beeinflußt die durchgehende Lichtmenge derart, daß diese beliebig vielen Schwankungen der Kondensatorspannung quantitativ proportional bleibt.

Die **Karolus-Zelle** besteht in der praktischen Ausführungsform (s. Abb. 25), aus einem schmalen, mit der Flüssigkeit Nitrobenzol gefüllten Glasgefäß, in das von oben und von unten je eine Metallplatte, die als Kondensatorplatten dienen, eingeführt ist. Je größer also die steuernde elektrische Spannung zwischen den beiden Kondensatorplatten ist, desto größer wird die resultierende Helligkeit. Die Zelle arbeitet trägheitslos, weil bei dieser Beeinflussung des Lichtstrahls durch elektrostatische Felder keinerlei wägbare Massenteilchen in Bewegung gesetzt werden. Versuche zwischen Berlin und Leipzig haben über eine Drahtleitung (pupinisierte Fernsprechleitung) für $10\times10$ cm Bildfläche $1\frac{1}{2}$ Minute, drahtlos auf Welle 850 m für die gleiche Fläche bis herunter zu 20 Sekunden ergeben. Bei kürzeren Wellen würde noch eine erhebliche Unterschreitung dieses Wertes möglich sein und ist inzwischen auch tatsächlich in praktischen Übertragungen erzielt worden. Da während der genannten Zeit einige hunderttausend Bildelemente übermittelt werden, so läßt sich auch jede Feinheit der graphischen Vorlage, z. B. kleine Handschrift oder normaler Zeitungsdruck scharf wiedergeben, wie es beistehende Übertragungsproben der Abbildungen 26, 27, 28 (in denen links das Original, rechts die Übertragung ist) erkennen lassen. Man wird daher diese

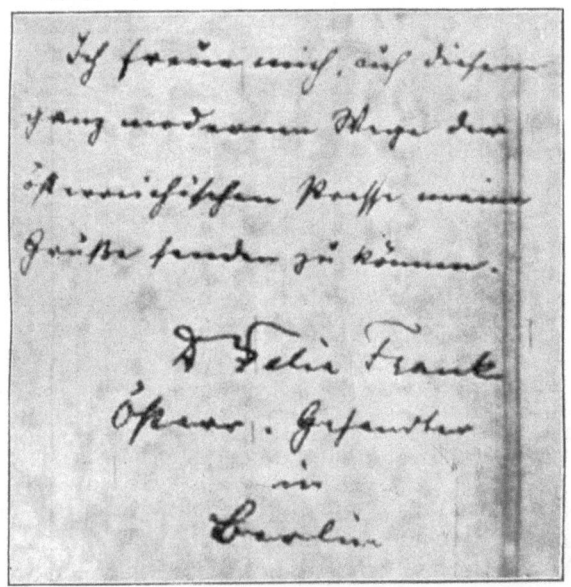

Abb. 31. Übertragungsprobe.

Methode zur schnelltelephotographischen Textübertragung im Faksimile benutzen, da sie in bezug auf Wortgeschwindigkeit schon heute die vorhandenen Schnelltelegraphen erheblich übertrifft. Daneben kommt das Karolus-Telefunken-System natürlich auch für die Fernphotographie eigentlicher Bilder (s. Abb. 29 u. 30) in Betracht, so z. B. im Dienste der Presse, der Polizei, der Meteorologie (Wetterkarten), der Banken (Scheckoriginale) u. dgl.

Die erste öffentliche Bildübertragung zwischen Berlin (der Bildsender befand sich dabei im Laboratorium von Telefunken am Tempelhofer Ufer, und steuerte über eine Kabelleitung den in Königswusterhausen befindlichen 20 KW-Deutschlandsender) und Wien (der Bildempfänger war auf der neuen großen Radiostation der Radio Austria auf dem Laaerberg bei Wien aufgestellt) fand am 3. April 1926 statt und gelang ausgezeichnet, wie es die Übertragungsproben der Abbildungen 30 und 31 zeigen. Autogramme stellten für die Übertragung zur Verfügung: der österreichische Gesandte Dr. Frank, Reichspostminister Dr. Stingl, Staatssekretär Dr. Bredow, Dr. Franke, Generaldirektor von Siemens & Halske, und Dr. h. c. Graf von Arco, Direktor von Telefunken. Das Ereignis bildet ohne Zweifel den Beginn einer neuen Epoche im Weltnachrichtenverkehr.

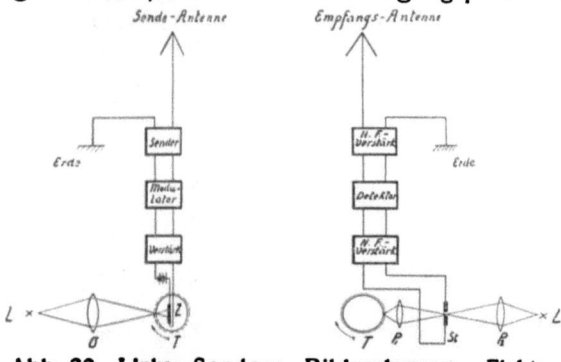

Abb. 32. Links: Sender: Bildzerlegung → Elektr. Helligkeitsauswertung der Flächenelemente → Stromverstärkung → Modulation der Trägerwelle → Ausstrahlung. Rechts: Empfänger: Einstrahlung → Verstärkung der Trägerwelle → Demodulation → Niederfrequente Verstärkung bis zur Steuerleistung des Lichtrelais → Helligkeitssteuerung des auf den Film entworfenen Lichtflecks → Bildzusammensetzung.

In Abb. 32 geben wir noch ein Gesamtschema der neuen Bildübertragung nach Karolus-Telefunken und in Abb. 33

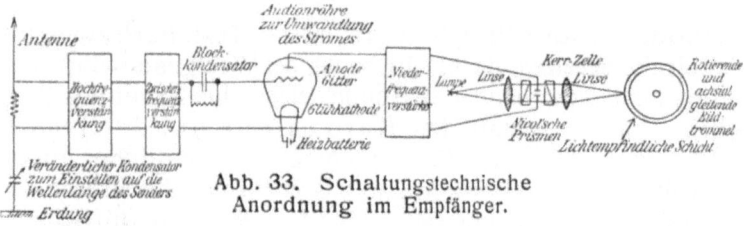

Abb. 33. Schaltungstechnische Anordnung im Empfänger.

eine Skizze der schaltungstechnischen Anordnungen im Empfänger, in der üblichen Weise bestehend aus Hochfrequenzverstärkung, Detektor (Audion) und Niederfrequenzverstärkung in Widerstandsschaltung, die als Endergebnis die erforderliche Steuerspannung liefert, die auf die Karolus-Zelle einwirkt bzw. auf die Platten des Kondensators, die den kräftigen Lichtstrahl zwischen sich einschließen. Für die wichtige Synchronschaltung der Drehzahlen der Bildwalzen im Sender und Empfänger dient ein neues von Telefunken und Karolus entwickeltes Verfahren, bei welchem äußerst konstante Taktgeber beiderseits unabhängig voneinander den Umlauf der bewegten Antriebe mit einer Genauigkeit von 1 : 100 000 regeln. Dies ist besonders für die drahtlose Phototelegraphie wichtig geworden, weil hierbei früher die **atmosphärischen Empfangsstörungen** den Synchronismus durch Überdecken oder Auslöschen der dafür benötigten und übertragenen **Hilfsimpulse** leicht zerstörten. Das neue Synchronisierverfahren arbeitet ohne solche Hilfsimpulse und unabhängig von der Entfernung der Stationen.

Die **Synchronisierung** der phasengleich bewegten Sende- und Empfangstrommel muß für die hohe Filmgeschwindigkeit, die bei Benutzung der Karolus-Zelle möglich ist, bei der Bildübertragung besonders genau sein. Dies war früher die schwierigste Aufgabe im drahtlosen Verkehr, wo die atmosphärischen Empfangsstörungen die zum Zwecke des Synchronlaufs übertragenen Hilfsimpulse häufig überdeckten oder unterbrachen. Mit Rücksicht auf diesen Nachteil des Hilfsimpulsverfahrens wurde beim Karolus-Telefunken-System von vornherein die Durchführung der rein **örtlichen** Umlaufzahlregelung von Sende- und Empfangsgerät angestrebt, was unter Benutzung von Tonerzeugern als unveränderlichen Frequenzgebern einwandfrei gelungen ist. Die Synchronisierung erfolgt durch Synchronmotoren, welche von solchen konstanten Taktgebern über Verstärkerstufen angetrieben werden. Die örtlichen Taktgeber werden vor der Übertragung aufeinander unter Benutzung eines einfachen stroboskopischen Verfahrens abgeglichen und bleiben dann auf lange Zeit mit einer Genauigkeit von 1 : 100 000 unverändert. Der Synchronlauf ist nun ganz unabhängig, auch von der Entfernung der Stationen.

Für die Praxis wird es voraussichtlich notwendig sein, von dem Prinzip der rotierenden Trommeln abzugehen und die Abtastung des Sendebildes bzw. die Herstellung der Fernkopie in einer planen Fläche mittels Apparaturen vorzunehmen, die einen kontinuierlichen Transport des zu übertragenden Bildmaterials bzw. des Empfangsfilmstreifens bei ununterbrochenem Weiterlauf der einmal synchronisierten Achsen gestatten, worüber augenblicklich bei Telefunken systematische Versuche, beruhend auf Verwendung von schwingenden oder rotierenden Optiken (Schwingspiegel, Spiegelräder, Ringprismen usw.) im Gange sind.

Die Tendenz geht also dahin, sich von der Übertragung irgendwelcher Hilfsfrequenzen oder Korrekturimpulse gänzlich freizumachen bzw. nur die Phaseneinstellung von Sende- und Empfangszylinder durch diese zu kontrollieren, während für den Gleichtakt abgestimmte lokale Frequenzgeber sorgen, die außerhalb der Sendezeiten in Intervallen nachkorrigiert werden können.

Prof. Karolus hat besonders sorgfältig die Methode der Sekundenpendel durchgebildet und dabei eine sinnreiche Anordnung zur Vervielfachung der langsamen Taktgeberperiode für den Antrieb von Synchronmotoren gefunden, worüber aber näheres noch nicht mitgeteilt werden kann.

Jedenfalls ist der Gleichlauf ohne Impulsübertragung dadurch vollkommen gelöst und so der drahtlose Weitverkehr ohne Zuhilfenahme indirekter (Zwischenklischee-) Methoden gesichert. (Vgl. Vortrag von Dr. Schröter in der Heinrich Hertz-Gesellschaft in Karlsruhe am 30. Oktober 1925. Abdruck in „El. Nachr. Technik" Band 3 Heft 2 S. 50/51, 1926.)

Neuerdings (vgl. E. T. Z. Heft 25 S. 718, 1926) machte Prof. Korn den Vorschlag, daß eine starke Station eine Hilfsfrequenz als Modulation einer Trägerwelle überallhin ausstrahlt, so daß alle Apparate ihren Lauf übereinstimmend danach einstellen können. Dabei kann Frequenzvervielfachung nach Übereinkunft zur Erzielung geheimer Drehzahlen hinzugenommen werden. Telefunken (vgl. Dr. Fritz Schröter in „Elektr. Nachr. Technik" Band 3 Heft 2 S. 50) hat über die Hilfsfrequenzmethode Versuche angestellt. Unter Benutzung gut geregelter Gleichstrom-Nebenschlußmotore von etwa 50 Watt, die auf ihrer Achse Zahnpaketkränze nach Art des La Courschen Rades trugen, konnte bei einer Verstärkung der vom Empfänger-Ausgang gelieferten Niederfrequenz für die Feldspulen des Zahnradläufers bis auf 3 Watt ein befriedigender Gleichlauf auch bei starken atmosphärischen Störungen erhalten werden. Voraussetzung war allein die normale Konstanz der Modulationsfrequenz.

Heute kommt aber bei Telefunken nur die rein örtliche Umlaufzahlregelung zur Anwendung, wie vorstehend ausgeführt worden ist.

**Besondere Erwartungen hegt man deshalb für die Benutzung der Apparate bei drahtlosen Unterseetelegraphen, die heute noch sehr unter den unvermeidlichen atmosphärischen Störungen zu leiden haben.** Während eine solche Störung bei Übertragung von Morsezeichen eine ganze Reihe hintereinanderfolgender Zeichen unverständlich macht, so daß ein Stück des Textes fehlt, der wiederholt werden muß, erscheint bei der Bildübertragung solche atmosphärische Störung in ganz andrer Form, in Gestalt von Flecken, etwa so, als wenn man Tintenspritzer über eine Postkarte macht; sie verunzieren wohl das Schriftbild, aber die Lesbarkeit des Textes wird in der Regel nicht aufgehoben.

Immerhin gilt auch hier, was jedem Fachmann bekannt ist, daß brauchbarer Fernempfang grundsätzlich auf hinreichend **nahe oder genügend starke** Sender beschränkt ist. Prof.

## Bildfunk. Atmosphärische Störungen

Dr. K. W. Wagner,[1]) der gegenwärtige verdienstvolle Präsident des Berliner Telegraphentechnischen Reichsamtes gab kürzlich diesem allein richtigen Gesichtspunkte in einem Vortrage wie folgt Ausdruck: „Für die Reichweite von Sendern ist noch ein zweiter Umstand ausschlaggebend, über den unsere Kenntnisse heute ebenfalls noch recht dürftig sind: der sogenannte Störungsspiegel. Über der Erde herrscht dauernd ein veränderliches elektromagnetisches Feld, das vermutlich von den elektrischen Entladungen in der Atmosphäre herrührt und insofern die (von Ort zu Ort veränderliche) Gesamtwirkung aller jeweiligen auf der ganzen Erde stattfindenden Entladungsvorgänge darstellt, während ein Teil des natürlichen elektromagnetischen Feldes vielleicht auch kosmischen Ursprungs ist. Diese als atmosphärische Störungen bekannte Erscheinung besteht in der Hauptsache aus Stößen in unregelmäßiger Aufeinanderfolge. Die durchschnittliche Feldstärke dieser Stöße nennt man den Störungsspiegel. Brauchbaren Empfang erhält man nur, solange die Feldstärke der zu empfangenden Zeichen über dem Störungsspiegel liegt. Man hat früher geglaubt, daß es möglich sei, Zeichen, die von dem Störungsspiegel überbrandet worden sind, durch Abstimmittel wieder sauber herauszuholen. In ungezählten Patentschriften ist die Lösung dieses Problems versprochen worden; niemand hat sie bisher gefunden, niemand wird sie jemals finden, weil sie nicht existiert! Das unregelmäßige Gebrodel des Störungsspiegels enthält, wie man schon aus der Darstellung eines einfachen Stoßes durch ein Fouriersches Integral erkennt, Schwingungen aller Frequenzen von Null bis unendlich. Folglich enthält der Störungsspiegel auch Komponenten der zu empfangenden Schwingungsfrequenz; keine noch so scharfe Abstimmung kann aber diese Störungskomponenten von den zu empfangenden Zeichen unterscheiden und trennen. Aus mangelnder Einsicht in diese grundlegende Tatsache haben Erfinder eine Unsumme von Arbeit und Geld an die Aufgabe

---

[1]) Einer etwas mehr optimistischen Auffassung gab Prof. Esau Ausdruck auf der letzten Tagung des Deutschen Funktechnischen Verbandes am 1. August in Köln durch seinen Vortrag: „Schädliche Einwirkungen der Atmosphäre und ihre Bekämpfung". (Abdruck in „Radio-Umschau" Heft 32, 1926.) Speziell hat er sog. Antennenkombinationen im Auge.

der Störungsbefreiung verschwendet. Der Ehrgeiz vieler Radioliebhaber ist der Fernempfang. Wir erkennen aus dem vorher Ausgeführten, daß ein sauberer Fernempfang nur möglich ist, soweit die Zeichenstärke den Störungsspiegel überschreitet, d. h. der Fernempfang ist grundsätzlich auf hinreichend nahe oder genügend starke Sender beschränkt. Hierüber darf der Umstand nicht hinwegtäuschen, daß man in glücklichen Momenten auch ferne schwache Stationen während einer mehr oder minder kurzen Zeit leidlich gut hören kann. Neben den Störungen beeinträchtigen die als „fading" bekannten Wellenschwankungen den Fernempfang. Über Ursache und Wesen dieser Schwankungen herrscht gleichfalls noch viel Dunkel." Sehr wahrscheinlich beruht aber das „fading" (= hinschwinden) auf einer Interferenz der Oberflächenwellen mit den Raumwellen. In Fällen, wo nur die einen oder nur die anderen wirksam sein können, ist der Fadingeffekt nicht mehr vorhanden. Vielleicht ist derselbe aber auch auf eine temporäre Drehung der Polarisationsebene zurückzuführen.

Die Vorteile des neuen Verfahrens liegen hauptsächlich in der großen Geschwindigkeit der Übertragung wie auch in den feinen Schattierungsabstufungen, die hierbei erzielt werden. Es haftet ihm aber natürlich anderseits der gleiche Nachteil an, den auch die Radiotelephonie hat, nämlich daß ihre Reichweite wesentlich kleiner ist als bei der gewöhnlichen Radiotelegraphie aus bekannten Gründen, auch handelt es sich bei der Radio-Bildtelegraphie um die Aufzeichnung von allerfeinsten Änderungen der Wellenintensität, die nur einen sehr kleinen Bruchteil der tatsächlich ausgestrahlten Senderenergie ausmachen (ein Nachteil, der natürlich bei der telautographischen Methode nicht vorhanden ist, da ihre Reichweite die gleiche ist wie bei der gewöhnlichen Radiotelegraphie).

Eine neue Zukunftsmöglichkeit erschließt sich, wenn, wie vorher schon angedeutet, die Bilder, Handschriften, Zeichnungen, Photographien nicht in wenigen Sekunden, sondern nur in einer zehntel Sekunde übertragen werden, dann ist prinzipiell der Fernseher da! Von der Kinematographie ist bekannt, daß bereits zehn Bildwechsel (normalerweise sind es sechzehn) in der Sekunde genügen, um für das Auge den Eindruck eines kontinuierlich ablaufenden Vorganges zu erzeugen. Wenn man zehn Bilder in der Sekunde senden will und man könnte die 10000 Teilbildchen (so viel benötigt man bei einer Rastergröße von 1 mm² für ein Bild von 100 cm² Oberfläche) eines jeden dieser Bilder in einer zehntel Sekunde übertragen, so würde dem Beschauer dieses Nacheinander von rund 100000 Teilbildern pro Sekunde nicht zum Bewußtsein kommen, d. h. er würde bei der schnellen Folge der 100000 Lichteindrücke, die 100000 Modulationen in der Sekunde dem schwingenden Sender aufdrücken, ein kontinuierliches Bild am Empfangsort im Fernseher wahrnehmen, vorausgesetzt natürlich, daß ein Lichteindruck von so kurzer Dauer wie $1/100000$ Sekunde, in der jedes Bildelement auf das Auge wirkt, einen Reiz auf die Netzhaut des Auges überhaupt noch ausüben kann selbst bei höchst erreichbarer Lichtintensität!

Die dafür notwendigen hohen Bildpunktfrequenzen (nach den bisherigen Feststellungen vermag an und für sich die Karolus-Zelle mindestens 10000000 verschiedene aufeinanderfolgende Bildeindrücke in der Sekunde zu registrieren) und außerordentlich große steuerbare Lichtmengen werden von der Karolus-Zelle mühelos bewältigt! Nach Mitteilungen von Dr. Schröter fand aber schon vor Jahresfrist Anfang 1925 durch Dr. Karolus und Dr. Schröter in Leipzig eine Vorführung dieses „Fernsehens" vor einem geladenen Kreis statt. Das „Berliner Tageblatt" brachte in der Abendausgabe vom 9. Juni folgende, offenbar amtlich inspirierte, Mitteilung unter dem Titel „Bildfunk und Filmfunk": „Die Versuche des ‚Fernsehens', bei denen es sich eigentlich um nichts weiter als um eine sehr wesentliche Beschleunigung der drahtlosen Bildübertragung handelt, sind keineswegs neu. In London war es Baird[1]) und Fournier d'Albe, in Ungarn v. Mihály, in Amerika

---

1) Gerade wird durch die Presse folgende Mitteilung verbreitet: „Laut Press-Association hat der englische Postmaster General die ersten beiden Lizenzen für die Fernübertragung von Bildern durch Rundfunk an die Gesellschaft erteilt, die der «Baird Televisor» übernommen hat. Augenblicklich finden vorbereitende Arbeiten statt, um allen denen, die die erforderlichen Empfänger besitzen, den Fernempfang von Bildern durch Rundfunk zu ermöglichen. Zurzeit werden die Gesichter lebender Personen und einige Szenen von London nach der Experimentierstelle in Harrow gesandt. Es wird dabei eine Wellenlänge von 220 m benützt."

Jenkins, die sich bereits vor Jahren (vor kürzerer Zeit auch Belin in Frankreich, worüber gerade in der L'Illustration Nr. 4353 eine ausführliche Darstellung erschienen ist) mit dem Problem des Fernsehens und des Filmfunks unter Anwendung moderner Mittel befaßten. Aber keinem von ihnen ist es gelungen, mehr als grobe Bilder, schattenhafte Andeutungen einfacher Figuren, auf der Empfangseite zu erzeugen. Noch vor kurzer Zeit hat Jenkins in einem an dieser Stelle wiedergegebenen Interview in Amerika erklärt, daß in 5 Jahren spätestens der Funkfilm die Volkstümlichkeit des Rundfunks erlangt haben werde. Herr Jenkins hat, als er diese Erklärung abgab, vielleicht selbst nicht geahnt, mit welch staunenswertem Tempo Physik und Technik fortschreiten würden. Denn die Versuche, die inzwischen der deutsche Physiker Dr. A. Karolus mit der drahtlosen Bildübertragung und dem Fernsehen unternommen hat, haben bereits solche Erfolge gezeigt, daß man ohne Übertreibung sagen kann, daß wir am Vorabend sehr erheblicher technischer Umwälzungen stehen. Umwälzungen, die für das gesamte Wirtschaftsleben von größter Bedeutung sein werden.

Unsere Leser werden sich der Nachricht von der gelungenen Bildübertragung Berlin-Wien, ja sogar von der gelungenen drahtlosen Übermittlung eines Schecks London-Neuyork erinnern. Nach dem augenblicklichen Stand der Dinge ist, wie auf das bestimmteste versichert werden kann, sogar ein eigentliches Fernsehen zwischen Berlin und London nach dem Karolusschen System möglich. Es ist somit auch erklärlich, daß die zuständigen Reichsstellen das größte Interesse für die neuen Entwicklungsmöglichkeiten bekunden, was schon durch die Ernennung Dr. Bredows zum Rundfunkkommissar im Hinblick auf die bevorstehenden Aufgaben (Bildfunk, Weltrundfunk) bewiesen wird. Tatsächlich soll auch, wie wir hören, die praktische Durchführung bzw. die allgemeine Einführung der drahtlosen Bildübertragung noch in diesem Jahre verwirklicht werden."

Es kann verraten werden, daß der „Kinofunk" (also die drahtlose Übermittlung von Filmen) der Öffentlichkeit nicht mehr lange vorenthalten sein wird. Etwas länger wird es gehen — aber sicher auch in absehbarer Zeit kommen —, daß neben manchem **Heimradio** sich der **Heimkino** einnistet. Wie vorstehend wiederholt hervorgehoben, ist dies eigentlich nur noch eine Frage der sicheren Beherrschung der „kurzen Wellen", die jetzt noch in puncto frequenzkonstanter Erzeugung[1]) ihre Tücken und bei der Ausbreitung ihre besonderen Launen haben, was heute ja auch vielen Radio-Amateuren bekannt ist.

**Nachtrag.** Aus neueren Veröffentlichungen[2]) von Dr. Fritz Schröter (Telefunken), dem speziellen Mitarbeiter von Prof. Dr. Karolus, sei für diejenigen Leser die sich für wissenschaftlich-technische Details interessieren, noch folgendes nachgetragen:

**Telefunken-Photozelle:** Die ringförmige Photozelle ist im einzelnen von Dr. Schriever und Dr. Richter im Laboratorium bei Telefunken ausgebildet worden. Durch den achsialen Tubus derselben fällt, wie früher geschildert, ein scharf zugespitzter Strahlenkegel auf den stark reflektierenden Bildgrund. Das diffus zurückgeworfene Streulicht wird durch die besondere Gestaltung der Zelle möglichst vollständig von der Alkalimetallfläche erfaßt. Anfänglich konnte so bei gleicher

---

1) Wenn schon, um nur einmal einen Punkt hervorzuheben, die Kapazitäts- und Selbstinduktionswerte der Schwingungskreise bei kurzen Wellen sehr klein sind, so fallen die Änderungen, die zur scharfen Abstimmung erforderlich sind, in noch viel kleinere Größenordnungen. Die zur Abstimmung erforderliche Kapazitätsänderung ist keineswegs der Wellenlänge proportional, wie man zunächst annehmen könnte, sondern die Abnahme geht weiter stärker vor sich. Der Grund liegt darin, daß die Abstimmschärfe wächst, wenn die Wellenlänge kleiner wird.

Wer sich über alle Gesichtspunkte auf diesem ebenso interessanten wie zukunftsreichen Gebiete gut informieren will, dem sei das ausgezeichnete Buch von Regierungsrat Dr. Carl Lübben: „Kurze Wellen" (Verlag Hermann Meusser-Berlin) bestens empfohlen, ferner eine vorzügliche Abhandlung von Dr. H. Rukop (bei Telefunken) in der Telefunken-Zeitung Nr. 42 S. 50 ff. 1926. Wissenschaftlich behandelt wird dieses Thema auch in der neuen für den Fachmann geschriebenen hervorragenden Druckschrift von Prof. Dr. Ing. Reinhold Rüdenberg: „Aussendung und Empfang elektrischer Wellen" (Verlag Julius Springer-Berlin 1926).

2) Elektrotechn. Ztschr., Heft 25, S. 719 ff., 1926; Ztschr. d. Ver. D. Ing., Nr. 22, S. 725 ff., 1926; Elektr. Nachr. Technik, Bd. 3, Heft 2, S. 41 ff., 1926.

Flächenhelligkeit der Strahlenquelle $^1/_3$ der Empfindlichkeit der Abblendungsmethode[1]) erreicht werden. Neuerdings ist durch weitere Verbesserung der Optik die gleiche Empfindlichkeit erzielt worden, wodurch der bisherige Mehraufwand an Verstärkung fortfällt. Diese Telefunken-Photozellen zeigen bis zu Fernseher-Modulationsfrequenzen ($\sim 10^5$ Hertz) keine Trägheitserscheinungen, obgleich eine Edelgasfüllung von relativ beträchtlichem Druck benutzt wird. Die durch die Reflexionen in der Zelle verursachten Stromschwankungen werden in der Widerstandskopplung zunächst verstärkt und dienen, wie früher angegeben, dann zur Modulation eines fremdgesteuerten Radio-Telephoniesenders nach der Gittergleichstrommethode (Variation der Schwingamplitude durch Steuerung des Elektronenabflusses vom Gitter). Der Gittergleichstrom ist durch einen Kondensator blockiert, dem die von den Photoströmen gesteuerte Modulationsröhre als variabler Widerstand parallel liegt. Die Elektrodenanordnung der Zelle ist unter Beachtung der Raumladungs- und Stoßionisationsgesetze ausgeführt. Die aufgenommenen Belichtungscharakteristiken (mit der Saugspannung als Parameter) zeigen in ihrem unteren Teil die typische strenge Proportionalität des Photostromes mit der Beleuchtung. Anschließend kommt ein flacherer Verlauf in einem Bereich, wo deutlich Ionenbildung wahrnehmbar ist (Vorstadium des Einsetzens der selbständigen durch Licht nicht mehr steuerbaren Glimmentladung). Um bei höchster Ausnutzung der Empfindlichkeit der Zelle mittels größter Steigerung der die Elektronen beschleunigenden Spannung einem Durchschlagen des Glimmstromes weitgehend vorzubeugen, wählte man die (früher beschriebene) netzartige Saugelektrode so groß, daß sie sich über die ganze Kaliumfläche erstreckt. Man gelangte auf diese Weise dazu, bei reinen Schwarz-Weiß-Übertragungen, wo die Hochfrequenzamplitude nur zwischen Null und einem Höchstwert hin und her springt, daß man bei voller Exposition der Alkalifläche und dicht unterhalb der bei etwa 200 Volt liegenden Glimmspannung mit

---

1) So genannt, weil der von außen kommende Lichtstrahl an seinem Einschnürungspunkte die Bildebene (im Innern des durchsichtigen Zerlegungszylinders) durchsetzt und an den geschwärzten Stellen absorbiert (also abgeblendet) wird.

Zellenströmen von der Größenordnung $10^{-3}$ Ampere (1 Milliampere) arbeitet.

Die Karolus-Kerr-Zelle: Der Vorteil der Steuerung durch elektrische Doppelbrechung liegt zunächst, wie früher schon betont, im elektrostatischen Charakter des Kerr-Effekts, der Spannungen aber keine merklichen Leistungen, d. h. Wattströme, erfordert, wenn hochisolierende und dielektrisch verlustarme Medien, wie Nitrobenzol, benutzt werden. Die am Empfänger verfügbaren Spannungen müssen für Bildtelegraphie-Zwecke auf einige 100 Volt verstärkt werden; der Kerr-Kondensator verbraucht jedoch nur Leistungen von etwa $^1/_{1000}$ Watt, kann also fast leistungslos gesteuert werden.

In der Praxis werden zur Steuerung der Karolus-Zelle meist aperiodische Widerstandsverstärker benutzt. Die Zelle liegt (mit Vorspannungs-Batterie, siehe weiter unten) parallel zum Anodenwiderstand des Endrohrs.

Zweitens ist die quadratische Wirkung der Feldstärke wichtig. Der Effekt ist in Wellenlängendifferenz des ordentlichen und des außerordentlichen Strahles gegeben durch die Formel

$$\delta_\lambda = B \cdot F^2 \cdot l,$$

wobei $B$ die Kerr-Konstante, $F$ die elektrische Feldstärke, $l$ die Länge des Lichtweges im Felde (Schichtdicke des im Felde befindlichen Mediums) bedeuten. Gegenüber andern linearen Effekten, wie z. B. dem Faraday-Effekt, bei welchem die Winkeldrehung der Polarisationsebene der ersten Potenz der magnetischen Feldstärke proportional ist, bietet die quadratische Natur des Faktors $F$ den Vorteil, daß man weitgehende Verkürzung von $l$ durch geringe Erhöhung von $F$ kompensieren und so den optisch absorbierenden Lichtweg sehr kurz (praktisch wenige Millimeter) halten kann. Ferner kann man durch eine passende Gleichstromvorspannung an den Kondensatorelektroden den Arbeitspunkt bis dicht vor diejenige Aufhellung vorlegen, welche den Schwellenwert für die Filmschwärzung darstellt. Diese Vorspannung ist also von großer praktischer Bedeutung für die maximale Ausnutzung der quadratischen Empfindlichkeit der Helligkeitssteuerung und hat außerdem noch die Wirkung, das Nitrobenzol in einem elektrochemisch polarisierten Zustande zu erhalten, in welchem die Isolations-

und dielektrischen Verluste so gering sind, daß die Karolus-Zelle also praktisch wattlos gesteuert werden kann.

Bei der meist angewendeten Widerstandsverstärkerschaltung setzen allerdings die Kapazität der Zelle und die anhängenden Kapazitäten (von Leitungen und Röhren) dem maximalen Anodenwiderstand, an welchem die Steuerspannung abgenommen wird, eine Grenze, so daß man bei einer Anordnung für Bildtelegraphie, bei 3 m/s Filmgeschwindigkeit und $1/_5$ mm unverkleinert abgebildeter Spaltweite auf etwa 1 Watt Steuerleistung kommt. Diese wird von der heutigen Empfangsverstärkertechnik sicher beherrscht. Mit gekreuzten Nicols, d. h. anfänglicher Dunkelheit, bringt dann bei einer Gleichstrom-Vorspannung von etwa 700 Volt eine Steuerspannung von etwa 200 Volt, positiv hinzuaddiert, volle Aufstellung hervor. Natürlich ist die Aufstellung bzw. Auslöschung eine Funktion der Wellenlänge und somit für die verschiedenen spektralen Bestandteile ungleich, was aber erst für die Effekte zweiter und höherer Ordnung praktisch von Bedeutung ist.

Die Karolus-Zelle ist (vgl. Abb. 25 auf S. 51) als metallischer Trog mit Glasfenstern ausgebildet. Die eine der beiden Kondensator-Elektrode ist mit dem Metallkörper verbunden, die andere oben mit einem isolierenden Elfenbeinstück eingesetzt. Der Plattenabstand beträgt z. B. für die Schnellregistrierung auf Film- oder Photostatpapier mit mehreren m/sec. Geschwindigkeit nur etwa 0,2 mm bei $l = 4,5$ mm, wenn mit einer 50-HK = Halbwattlampe und guter Optik, Verkleinerung der Spaltabbildung 1 : 1, gearbeitet wird. Polarisator und Analysator sind mittels Flanschen vor und hinter der Zelle unmittelbar an diese angesetzt.

# DAS FERNSEHEN

Professor Korn[1]) hat früher schon wiederholt seiner Ansicht über dieses Problem wie folgt Ausdruck gegeben: „Mit der Entdeckung der Lichtempfindlichkeit des Selens sind sofort Pläne entstanden, den Gedanken des elektrischen Fernsehens in ähnlicher Weise mit Hilfe der elektrischen Telegraphie zu verwirklichen, wie dies für die Übertragung der Stimme durch das Telephon möglich geworden ist. Es ist ja im Prinzip die folgende Anordnung möglich, die schon vielfach vorgeschlagen worden ist, jedesmal sehr bald aber infolge der ungeheuren Kosten der Verwirklichung verlassen und nach kurzer Zeit wieder einmal als eine neue, epochemachende Entdeckung dem Laienpublikum aufgetischt wurde. Man kann sich das

---

1) In einer neueren Veröffentlichung von Prof. Korn (E. T. Z. Heft 25, 1926, S. 719) heißt es: „Wenn man bedenkt, daß für ein einfaches Porträt, das mit einiger Ähnlichkeit reproduziert werden soll, bereits 10 000 Bildelemente in der Sekunde erforderlich sind, und daß zum Fernsehen wenigstens 10 Bilder in der Sekunde fertig zu übertragen sind, so würden für dieses Grundproblem des Fernsehens schon 100 000 Bildelemente in der Sekunde zu übertragen sein; das könnte allenfalls in Schwarz und Weiß von 10 Leitungen bzw. bei der drahtlosen Telegraphie mit Hlfe gleichzeitiger Übertragung auf 10 verschiedenen Wellenlängen geleistet werden. Für ein praktisches Fernsehen würde man aber bei solchen einfachen Übertragungen nicht stehenbleiben können; es würden wesentlich kompliziertere Bilder, ähnlich wie in Kinos, gefordert werden, und man würde dann schon die Übertragung von Millionen von Zeichen in der Sekunde, also eine große Vielheit von Leitungen bzw. verschiedenen Wellenlängen, brauchen. Das elektrische Fernsehen ist daher solange nicht wirtschaftlich möglich, als es nicht gelingt, Sende- und Empfangsapparaturen für gleichzeitige Übertragung auf einer Vielheit von Wellenlängen mit erschwinglichen Kosten herzustellen und zu betreiben. Nur in dieser Richtung ist die Lösung zu suchen."

Prof. Korn berücksichtigt offenbar nicht genügend, daß die trägheitslose Photozelle im Sender und das Karolus-Empfangs-Lichtrelais durch

Bild einer Person, einer Landschaft, ein beliebiges Bild, wie wir gewöhnt sind, es in natura zu photographieren, in einer Camera obscura auf einen großen Schirm abgebildet denken, der aus einer sehr großen Zahl von Selenzellen besteht, sagen wir etwa 100 Reihen à 100 Selenzellen. Durch jede Zelle wird ein Strom einer konstanten Batterie zu einem Schirm an einem entfernten Empfangsorte geleitet, wo wieder 100 Reihen mit je 100 kleinen Lichtquellen angeordnet sind; wenn die Selenzellen im Geber mehr oder weniger belichtet werden, können wir mittels der Stromänderungen, welche zum Empfänger durch die einzelnen Leitungen gelangen, durch geeignete Einrichtungen erreichen, daß die betreffenden kleinen Lichtquellen mehr oder weniger Licht aussenden, und man kann so das Bild am Empfangsorte reproduzieren; wenn die Zeichen rasch genug aufgenommen und reproduziert werden, so daß Bewegung ähnlich wie in den Kinomatographen wahrgenommen werden kann, wird man es mit einer wirklichen Übertragung bewegter Gegenstände, mit einem wirklichen Fernsehen zu tun haben, vorausgesetzt, daß eben die Zahl der Zellen groß genug ist, den Eindruck eines einigermaßen naturgetreuen Bildes hervorzurufen.

Die ungeheuren Schwierigkeiten des Problems bestehen einmal darin, daß es praktisch nicht möglich ist, etwa mit 10 000 Leitungen zu arbeiten; man muß nach Mitteln suchen, die Anzahl der Leitungen zu verringern, und das ist in der Weise möglich, daß man entweder die Zeichen für die ver-

---

seine mechanische Unempfindlichkeit, durch seine bis zu Frequenzen von über $10^7$ Hertz hinauf gemessene Trägheitslosigkeit, die jede beliebige hochfrequente Lichtsteuerung zuläßt, sowie durch seinen größenordnungsmäßig geringen Leistungsverbrauch bei quantitativer Durchsteuerung außerordentlicher Lichtmengen große Fortschritte auf dem Wege zum Fernsehen gebracht hat, worüber Prof. Karolus demnächst selbst noch Näheres veröffentlichen wird, insbesondere über die von ihm gefundenen Arbeitsbedingungen, die allein die Ausnutzung des Kerr-Effekts in Verbindung mit den heutigen technischen Mitteln ermöglichen. Die Notwendigkeit mehrerer Trägerwellen besteht bei einem angenommenen Raster $1/10 000$ (s. S. 71) noch nicht.

Von Vorteil ist beim Problem des Fernsehens, daß mit Rücksicht auf den wechselnden Charakter des gesehenen Vorgangs die Unterverteilung in Bildelemente nicht so weit getrieben zu werden braucht wie bei der Übermittlung ruhender Bilder.

schiedenen Elemente aufeinander folgen läßt, oder indem man für die verschiedenen Zellen Ströme verschiedenen Charakters, z. B. Wechselströme mit verschiedenen Schwingungsdauern, entsendet. Wie immer man dies auch zur Zeit projektieren möge, bei dem augenblicklichen Stande der Dinge werden immer Hunderte von Leitungen erforderlich sein, und der Betrieb solcher Apparate würde — ganz abgesehen von den großen Kosten der Herstellung — derartige Ausgaben erfordern, daß der Betrieb nur dank einer Kaprice eines Milliardärs aufrechterhalten werden könnte. Eine weitere sehr große Schwierigkeit ist die, daß die durch die verschiedenen Belichtungen der Selenzellen hervorgerufenen Stromänderungen immer nur sehr klein sind, so daß zur Verstärkung der Linienströme im Geber für jede Zelle immer noch ein besonderes — am besten optisches — Relais eingeschaltet werden müßte, eine weitere sehr kostspielige Komplikation etwaiger Fernsehapparate.

Wenn man über geeignete Linienströme im Empfänger verfügt, macht die Herstellung von variablen Lichtquellen im Empfänger, deren Intensitäten den Belichtungen der Zellen im Geber entsprechen, keine besonderen Schwierigkeiten; ich habe hier im besonderen das Licht im Auge, welches von erregten, evakuierten Röhren oder von elektrischen Funken ausgesandt wird; es ist nicht schwer, mit Hilfe der Linienströme derartige Lichtquellen quantitativ abzustufen, so daß hier eine besondere Schwierigkeit nicht zu finden ist; die wesentliche Schwierigkeit, an der wohl noch manche Versuche scheitern werden, ist die Verringerung der Zahl der Leitungen und die Verstärkung der Linienströme durch geeignete Relais im Geben.

Von diesem Gesichtspunkte aus sind meiner Meinung nach alle bisherigen „Fernseher" zu beurteilen."

Diese Äußerungen waren geschrieben, als die „Drahtlose" noch nicht die unbedingte Betriebssicherheit hatte, die sie heute besitzt, und als es die moderne Röhrentechnik noch nicht gab, so daß beides noch gar nicht in Erwägung gezogen wurde. Dazu kommt nun jetzt noch die unerwartete fabelhafte Verkürzung der Bildzerlegung bzw. der Transmissionszeit für ein Bild, die, wie wiederholt betont, sich durch Benutzung der kurzen Radio-Wellen für die Bildübertragung noch weiter steigern läßt, eventuell wohl auch noch durch Anwendung einer Vielheit von Wellen verschiedener Wellenlänge, die heutzutage durch die Röhrensender absolut konstant zu halten ist.

Den Vorzug der „kurzen Wellen" für die Zecke des Bildfunks und der Television wollen wir, ausgehen dvon einem konkreten Beispiel, noch etwas näher erörtern.

Während wir es bei der Radiotelegraphie mit einer einzigen ganz reinen Wellenlänge (Frequenz) zu tun haben, wird also, wie vorher dargelegt, die vom Radiotelephonie-Sender erzeugte Schwingung unter Einfluß der Sprache bzw. der Musik verzerrt, d. h. es treten (wie auf Seite 40 auch mathematisch gezeigt ist) neben der Trägerwelle auf beiden Seiten mehr oder weniger zahlreiche Nebenwellen (Frequenzen) auf, die man, wie schon gesagt, als Seitenbänder bezeichnet. Nehmen wir ein praktisches Beispiel: Königswusterhausen sendet den Wirtschaftsrundspruchdienst auf Welle 4000 m, d. h. mit einer Frequenz von 75000 Hertz. Wird diese nun durch einen Ton von 1000 Schwingungen moduliert, so tritt auf der einen Seite noch ein kleines Maximum bei der Frequenz 76000 (Wellenlänge 3947 m) auf, auf der anderen Seite ein solches bei der Frequenz 74000 (Wellenlänge 4054 m). In Wirklichkeit treten, entsprechend dem weiteren Tonfrequenzenbereich bei Sprache und Musik, links und rechts von der Trägerwelle, zwei ganze Reihen von Radiofrequenzen auf, die alle im Empfänger zur Wirkung gebracht werden müssen. Es ist ohne weiteres klar, daß in unserem Falle der großen Trägerwelle die höheren akustischen Frequenzen mit steigender Schwingungszahl immer ungünstiger wirken müssen. Anders bei den kleinen Rundfunkwellen mit ihren hohen Frequenzen, die sehr groß sind im Verhältnis zu den akustischen Frequenzen, und bei denen infolgedessen die Seitenbänder relativ sehr schmal sind.

Der gleiche Gesichtspunkt wie bei der Telephonie-Modulation ergibt sich durch die der Verteilung von Hell und Dunkel auf dem Sendebild und der Abtastgeschwindigkeit entsprechenden Bildpunktfrequenzen und Amplituden bei der Bildübertragung[1],

---

[1] Vgl. Dr. Schröters Vortrag in Karlsruhe (Abdruck „Elektr. Nachr. Technik, Heft 2, Band 3, 1926).

für die deshalb allein die Radiotelegraphie auf genügend kurz gewählten Wellen die an sich schon ziemlich hohen Bildpunktfrequenzen, die sich bei der Rapidauswertung der Hell-Dunkel-Verteilung des Sendebildes ergeben, als Modulationen einer noch entsprechend höheren Trägerwelle bzw. Trägerfrequenz zu übermitteln vermag, derart, daß die Breite der Seitenfrequenzbänder in der Regel 2 Proz. nicht übersteigt. So können wir z. B. etwa 1600 Buchstaben auf 2 dm² Fläche gut leserlich innerhalb einer Minute übertragen und gebrauchen dabei Modulationsfrequenzen bis zu etwa 10000 Hertz. Da dies den Grenzen der gewöhnlichen Telephonie-Seitenbänder entspricht, so kann der drahtlose Rapid-Bildsender nur unterhalb solcher Wellenlängen arbeiten, die als obere Werte für saubere Telephonie anzusehen sind, d. h. höchstens 4—5 km. Will man mit der Sendegeschwindigkeit noch weiter gehen, so wächst die Ausdehnung der Frequenzbänder entsprechend und sinkt die Wellenlängengrenze. Bei 10 Sek. Übermittlungsgeschwindigkeit für 1 dm² würde die maximale Wellenlänge etwa 1,5 km sein.

Hieraus ergibt sich die große Bedeutung der sog. „kurzen Wellen" (bis etwa max. 100 m) für die künftige Rapid-Bildtelegraphie und erst recht für das Fernsehen, da ja die Trägerfrequenz eine Größenordnung höher sein muß als die obere Modulationsgrenze, wo Modulationsfrequenzen von mindestens $10^5$ Hertz gefordert werden, die also nur auf ganz kurzen Trägerwellen zu übertragen sind. Die Amplitudenänderung der Trägerwelle wird auch um so naturgetreuer die Helligkeitswerte der Bildelemente wiedergeben, je höher die Frequenz bzw. je kürzer die Wellenlänge ist.

Auch werden bei den kurzen Wellen durch die Möglichkeit der Gittertastung des Röhrensenders und durch die geringen Zeitkonstanten die Anstiegintervalle relativ zu den Strichdauern vernachlässigbar, wodurch es leicht möglich ist, die Sendegeschwindigkeit auf extrem hohe Werte zu bringen.

Die Photozelle im Sender folgt mehr als $10^5$ Hertz; die Karolus-Zelle im Empfänger eilt bei $10^8$ Hertz noch nicht merklich nach, bei höchster Lichtleistung (s. früher). Für ein leidlich gutes Fernsehbild darf die Größe des Elementes, unabhängig von den absoluten Bildmaßen, höchstens $1/10000$ der

Gesamtfläche betragen. Dann ergibt sich bei bewegten Vorgängen eine genügende Feindarstellung. Ferner genügt es, das Bild zehnmal in einer Sek. (16 sind üblich bei der gewöhnlichen Kinematographie) zu übermitteln; danach wäre die Höchstfrequenz der Modulation $5 \cdot 10^4$ Hertz, die also von den Umwandlungsmitteln bequem bewältigt werden. Bei $5 \cdot 10^4$ Hertz erhält man mit 30 m langer Trägerwelle nur je $1/_2$ Proz. breite Seitenfrequenzbänder und damit normale Verhältnisse bezüglich Abstimmbreite und Resonanz der Kreise, wie wir sie im Rundfunk kennen und beherrschen, unter Benutzung von Widerstandsverstärker oder Schwingverstärker, um die an sich breiten Frequenzbänder verzerrungsfrei zu übertragen.

Auch der Lichtstrahl des Empfängers muß Änderung zwischen hell und dunkel in $1/_{100\,000}$ Sekunde zulassen. Ein Nacheinander von 10000 Lichtflecken in $1/_{10}$ Sekunde wird ohne Zweifel nach dem trägheitslos im Sender und Empfänger arbeitenden neuen System Karolus-Telefunken praktisch erreichbar sein. Ob es aber auch praktisch erreichbar ist, daß die elektrisch gesteuerte Lichtquelle so zahlreiche Helligkeitsschwankungen pro Sekunde ausführt, darüber sind die Meinungen noch geteilt. Die praktischen Schwierigkeiten werden jedenfalls nicht geringer sein als bei den 100000 Amplitudenänderungen der Trägerwelle, worauf wir früher schon hinwiesen.

Das betrachtende Auge, das eine gewisse Trägheit hat, wird dieses Nacheinander auf einer Mattscheibe oder einem Projektionsschirm nicht wahrnehmen, sondern sieht das so vor ihm entwickelte (synthetisierte) Bild als Ganzes und die Folge von zehn Bildern in einer Sekunde als kinematographischen Vorgang, als lebendes Bild. Selbstverständlich müssen die Bildpunkte beim Beobachter im Empfänger in genau derselben Reihenfolge und in ganz genau dem gleichen Zeitintervall wie beim Sender erscheinen. Denn wenn eine Zeile zwischen beiden nur um ein winziges verschoben wird, weil vielleicht die eine Punktzeile etwas länger dauert als die andere, also die Bildpunkte nicht mehr an genau identischen Stellen der Ebene, in der sie angeordnet sind, liegen, dann wird das Bild undeutlich bzw. verschoben und verzerrt. Also sozusagen absoluter Synchronismus! Sollen nämlich 100000 Punkte pro Sekunde, somit 10000

Punkte pro Bild übertragen werden, und soll die zulässige Synchronisierungstoleranz nicht mehr betragen als den Fehler eines einzigen Bildpunktes, so bedeutet das, daß der zulässige Fehler im Gleichlauf zwischen Sender und Empfänger höchstens $^1/_{100}$ Prozent betragen darf: bei 1 000 000 Punkten kämen wir sogar auf $^1/_{1000}$ Prozent. Die elektrischen und mechanischen Schwierigkeiten werden also nicht gering sein. In elektrischer Hinsicht liegt eine Schwierigkeit auch in der Übertragung insofern, als die zur Verstärkung notwendigen Röhren einen großen Frequenzbereich umfassen müssen, um benachbarte Bildpunkte, die in ihrer Helligkeit immer wieder variieren, übertragen zu können, ohne daß sich eine Röhrenkapazität störend bemerkbar machen darf. Und dann der erforderliche hohe Grad der Verstärkung! Das extrem schwache Licht, das beispielsweise einem einzelnen winzigen Flächenelement eines auf der Mattscheibe einer Kamera entworfenen Bildes entspricht, löst in der Photozelle nur einen außerordentlich schwachen Strom aus, schätzen wir $10^{-6}$ Amp. bei 100 Volt Spannung. Das ergibt eine nutzbare Leistung von $100 \times 10^{-6} = 10^{-4}$ oder $\frac{1}{10\,000}$ Watt. Wenn für die Übertragung nur $^1/_{100000}$ Sekunde zur Verfügung steht, so kann eine Energie von nur $10^{-9}$ oder $\frac{1}{1 \text{ Milliarde}}$ Watt nutzbar gemacht werden, bzw. bei einer Millionstel Sek. sogar nur $\frac{1}{10 \text{ Milliarden}}$ Watt. Dieser ungeheuer geringe Energiebetrag würde, um praktisch zur Fernübertragung wie auch zur Wiedergabe des Bildpunktes verwendet werden zu können, also einen ganz gewaltigen Verstärkungsgrad erfordern. Und wie erst wird sich beim Arbeiten mit reflektiertem Licht die Rechnung stellen? Nach Lamberts Beobachtungen scheinen selbst die weißesten Körper nur etwa $^3/_5$ (Lambertsche Zahl) des auffallenden Lichtes zurückzusenden.[1]) Immerhin erscheint es unter Benutzung der Photozelle technisch nicht unmöglich, in die Sendestation direkt einen Gegenstand oder eine Person oder einen einfachen Vorgang hineinzustellen, eine Projektion auf eine Mattscheibe vorzunehmen und nun dieses Bild in

---

1) Wir empfehlen hier dem geneigten Leser die Lektüre von „Optisches über Malerei". Vortrag von Hermann v. Helmholtz im 2. Band der meisterhaften „Vorträge und Reden" (Verl. Friedr. Vieweg & Sohn, Braunschweig).

punktweiser Zerlegung zu übertragen, um es alsdann vermittels der Karolus-Zelle im Empfänger, wo die notwendige starke Dämpfung die praktischen Schwierigkeiten vermehrt, wieder auf einer Mattseibe erscheinen zu lassen, unter Benutzung eines Lichtstrahlenbündels von der Größe bzw. Feinheit eines Bildelementes, wodurch nacheinander alle Bildelemente bzw. Bildzeilen registriert werden. Aber von einem wirklichen „Fernsehen" in dem Sinne, daß wir in einen Apparat blicken und Personen oder Vorgänge, etwa ein heutzutage so beliebtes Sportereignis, die sich in weiter Ferne befinden, betrachten können, davon sind wir doch wohl noch sehr weit entfernt! Der Schwerpunkt des ganzen Problems ist eigentlich weniger eine Frage der Trägheit als vielmehr eine Lichtfrage! Das ist noch deutlicher einzusehen durch folgende Überlegung: Gemäß der Annahme ist bei der punktmäßigen Zusammensetzung jedes Flächenelement nur $10^{-5}$ sec. belichtet und darauf etwa $10^{-1}$ sec. unbelichtet. Die physiologischen Gesetze des auf Grund der Augenträgheit erfolgenden Verschmelzungsvorganges besagen, daß die Gesamthelligkeit, die an einem Punkte wahrgenommen wird, unter den gewählten Verhältnissen etwa $1/_{10000}$ der vom gesteuerten Lichtfleck dort bei seinem Darüberstreifen erzeugten Helligkeit beträgt. Die augenblickliche Flächenhelligkeit dieses Bildpunktes muß also außerordentlich groß werden, wenn das Empfangsbild kontrastreich genug ausfallen soll. Dies führt zur Forderung großer Lichtmengen, die vom Empfangsrelais durchgelassen und mit Hilfe einer guten Optik möglichst punktförmig vereinigt werden müssen. Die Karolus-Zelle ermöglicht nun die Steuerung solcher starken Lichtströme durch sehr geringe elektrische Leistungen, und hierin liegen ihre besonderen Aussichten für die Verwendung im „Fernseher" mitbegründet. Immerhin werden dabei, wie schon vorher angedeutet, gewisse Fragen der Verstärkertechnik aufgerollt, während das Vorstadium eines Kinofilm-Rundfunks schon heute keine Verstärkerschwierigkeiten mehr bietet.

Vom Problem der **Farbenübertragung** wollen wir am besten vorläufig überhaupt noch nicht reden.

Wenn es sich nur darum handelt, einfache Profile, Schattenbilder u. dgl. „fernzusehen", so sind dafür schon wiederholt

Vorschläge und auch praktische Vorführungen gemacht worden; es handelte sich dabei aber immer nur um mehr oder weniger primitive Demonstrationen unter Verwendung sehr einfacher Bilder (geometrische Figuren, wie Quadrate, Kreuze oder einzelner Buchstaben in starker Vergrößerung).

Das System Dieckmann. Als neuesten Typus hierfür, der den Vorzug hat, schon öffentlich vorgeführt worden zu

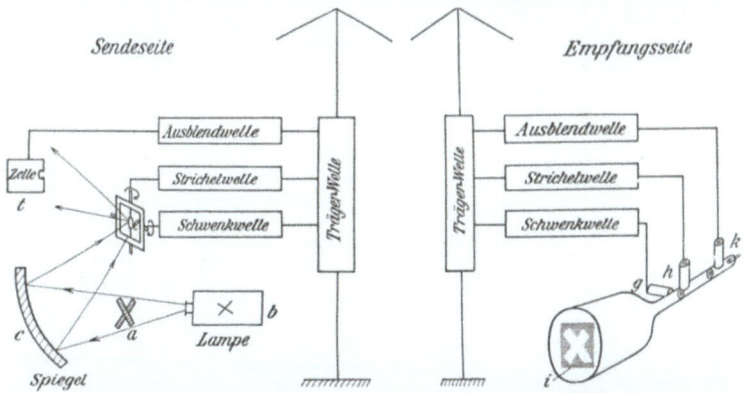

Abb. 34. Fernseher nach Prof. Dieckmann (Schema)

sein, behandeln wir noch kurz durch Wiedergabe der Patentschrift DRP. 420567[1]) den Dieckmannschen Fernseher basierend auf der Verwendung eines Spiegelchens, welches um zwei zueinander senkrechte Achsen schwingt (wie es auch von Le Blanc, Schneider, Mihály vorgeschlagen wurde), sowie im Empfänger eine Bildzusammensetzung in der Weise, daß das Bild durch Kathodenstrahlen auf einem fluoreszierenden Schirm hervorgebracht wird; Schema in Abb. 34.

„Es sind eine Reihe von Verfahren zur elektrischen Fernsichtbarmachung bewegter Bilder angegeben worden, die den Übelstand haben, daß entweder zur Erzielung eines Synchronismus zwischen mechanischen Anordnungen, die im Sender und Empfänger gleichwertig bewegt sein sollen, besondere, meist umständliche Vorrichtungen erforderlich sind oder daß

---

1) Prof. Dr. Max Dieckmann in Gräfelfing b. München. Verfahren zur elektrischen Fernsichtbarmachung bewegter Bilder. Patentiert im Deutschen Reiche vom 29. August 1924 ab.

76  Dieckmanns Fernseher

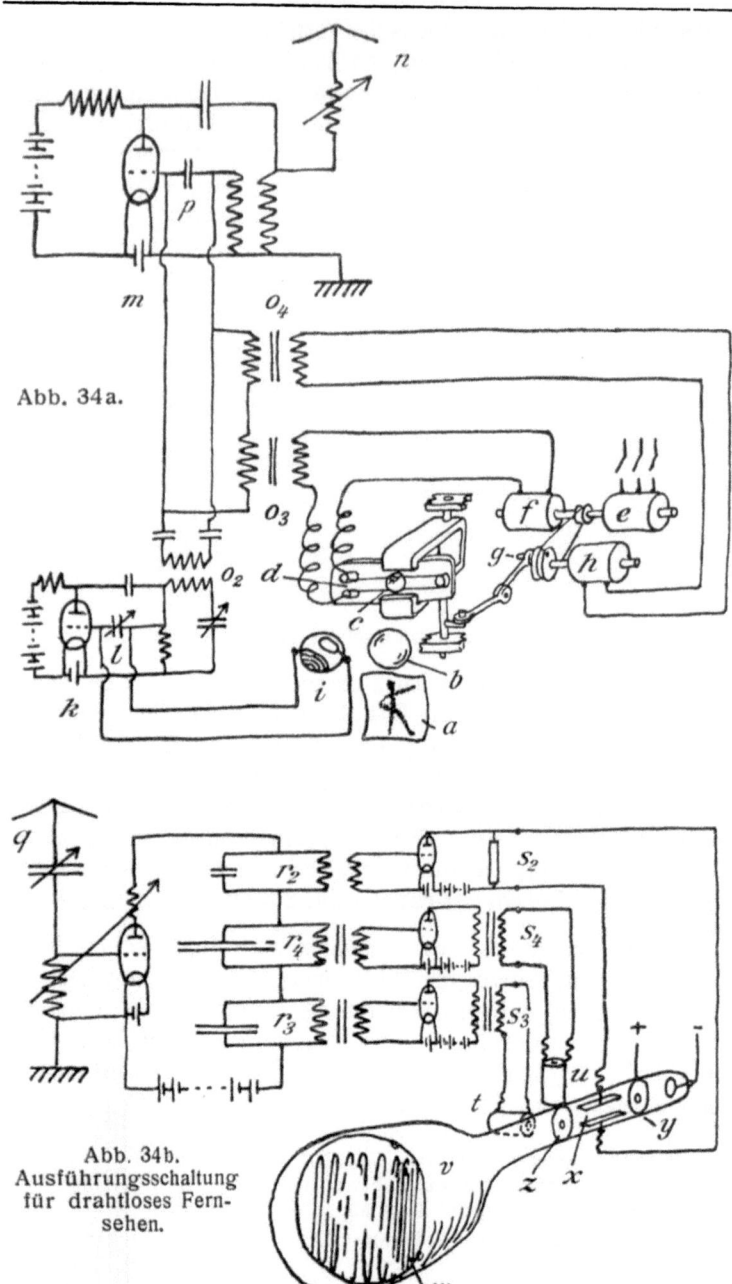

Abb. 34a.

Abb. 34b.
Ausführungsschaltung
für drahtloses Fernsehen.

mehr als eine Leitung, beziehentlich bei drahtloser Übertragung mehr als ein Sender, die für die Betätigung des Empfängers notwendig hohe Mannigfaltigkeit verschiedener Impulse übermitteln müssen.

Das im folgenden beschriebene neue Verfahren ist von diesen Übelständen frei; es benötigt weder Anordnungen zur Aufrechterhaltung des Synchronismus noch bei Übermittlung längs Leitung mehr als eines einzigen Drahtes bzw. bei drahtloser Übermittlung mehr als eines einzigen Senders.

Das Grundsätzliche des neuen Verfahrens läßt sich aus Abb. 34a und 34b erkennen, welche eine beispielsweise Ausführungsschaltung für drahtloses Fernsehen zeigen. Abb. 34a stellt die Sendeanordnung, Abb. 34b die Empfangsanordnung vor. Es sei $a$ das fernsichtbar zu machende bewegliche Bild. Das räumliche Nebeneinander der Helldunkelwerte des Bildes wird periodisch in eine zeitliche Folge von Strom- oder Spannungsänderungen umgesetzt. Welche der bekannten oder bisher nicht beschriebenen Verfahren zu diesem Zwecke verwendet werden, ist für die Kennzeichnung der hier vorliegenden Erfindung belanglos. In der Abb. 34a ist beispielsweise angenommen, daß das Bild $a$ über die Linse $b$ auf den Oszillographenspiegel $c$ geworfen wird. Der Spiegel $c$ führt zwei Bewegungen aus. Einmal schwingt er verhältnismäßig schnell um eine horizontale Achse, da die Oszillographenschleife $d$ von dem durch einen Motor $e$ angetriebenen Generator $f$ für mittelfrequenten Strom von der Frequenz $n_3$ gespeist wird. Zweitens wird er verhältnismäßig langsam um eine vertikale Achse geschwenkt, dadurch, daß der ganze Oszillograph über Gelenkstangen und einen Exzenter $g$, der an der langsam umlaufenden, gleichfalls vom Motor $e$ angetriebenen Welle eines Generators $h$ für Niederfrequenz befestigt ist, mit der Periode der Niederfrequenz $n_4$ hin und her gedreht wird. Durch diese periodische Doppelbewegung wird das vom Spiegel vergrößert reflektierte Bild über die lichtempfindliche Zelle $i$ so hin und her geschwenkt, daß die Zelle periodisch nacheinander von den Flächenelementen des Bildes ihr Licht erhält. Wesentlich ist allgemein nur, daß ein mittelfrequenter Strom von der Frequenz $n_3$ und ein niederfrequenter Strom von der Frequenz $n_4$ gemäß ihren Zeitwerten die Flächenkoordinaten des jeweils zu übertragenden Bildelementes im Bildfeld des Senders bedingen und daß die jeweiligen Helligkeitswerte dazu benutzt werden, die Intensität einer ungedämpften Hochfrequenzschwingung von der Frequenz $n_2$ oder Wellenlänge $\lambda_2$ zu modulieren. Die in der Abbildung wiedergegebene mögliche Ausführungsschaltung zeigt in $k$ einen Röhrengenerator, dessen Gitterkondensator $l$ durch die lichtelektrische Zelle $i$ überbrückt ist, wodurch die Stärke der Hochfrequenzschwingungen gemäß den Helligkeitswerten beeinflußt wird.

Die drei Frequenzen $n_2$, $n_3$ und $n_4$ modulieren gleichzeitig den ungedämpften Sender $m$ von der Frequenz $n_1$, der über die Sendeantenne $n$ Wellen von der Wellenlänge $\gamma_1$ ausstrahlt. Wesentlich ist dabei, daß $n_1$ größer ist als $n_2$. Diese dreifache Modulierung kann beispielsweise so erfolgen, daß die Mittel- und Niederfrequenz $n_3$ und $n_4$ über die eisenhaltigen Transformatoren $o_3$ und $o_4$, die von der lichtempfindlichen Zelle modulierte Hochfrequenz $n_2$ über den Koppelungstransformator $o_2$ den Gitterkondensator $p$ des Senders $m$ beeinflussen.

Die Empfangsantenne $q$ in Abb. 34b ist auf die Wellenlänge $\lambda_1$ abgestimmt. Es können nun beispielsweise aus den drei auf die Frequenzen $n_2$, $n_3$ und $n_4$ abgestimmten Anodenkreisen $r_2$, $r_3$ und $r_4$ über je einen Elektronenröhrenverstärker diese von der Trägerwelle $\lambda_1$ mit übertragenen Frequenzen einzeln verstärkt zwischen den Klemmenpaaren $s_2$, $s_3$ und $s_4$ abgenommen werden. Die Mittelfrequenz $n_3$ und Niederfrequenz $n_4$ werden den Ablenkspulen $t$ und $u$ einer Braunschen Röhre $v$ zugeführt, so daß der Lichtfleck auf dem die Empfangsbildfläche darstellenden Leuchtschirm $w$ der Röhre mit der Mittelfrequenz $n_3$ in vertikaler, gleichzeitig mit der Niederfrequenz $n_4$ in horizontaler Richtung abgelenkt wird und periodisch die Fläche des Leuchtschirmes beschreibt. Hierbei befindet sich der Leuchtfleck auf dem Leuchtschirm an derjenigen Stelle des Empfangsbildfeldes, welche entsprechend gerade vom Senderbildfeld durch den beweglichen Spiegel auf die lichtempfindliche Zelle geworfen wird. Gemäß den Helligkeitswerten des Bildes im Sender ist die Frequenz $n_2$ stark oder schwach in der von $n$ ausgesandten und von $q$ empfangenen modulierten Trägerwelle $\lambda_1$ enthalten. Infolgedessen ist die am Klemmenpaar $s_2$ abgenommene Hochfrequenzspan-

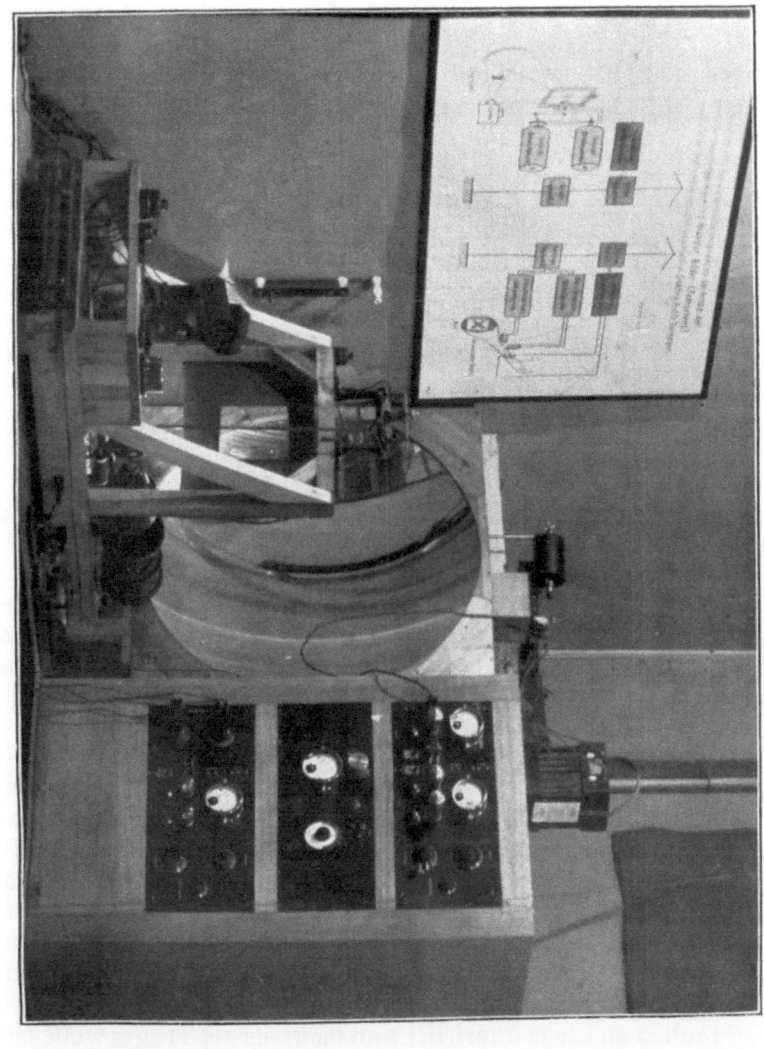

Abb. 35. Fernseh-Apparatur nach Prof. Dieckmann.

nung stark oder schwach, und dementsprechend wird durch den Ablenkkondensator $x$ der von der Lochblende $y$ durchgelassene Kathodenstrahl auf der Blendenfläche $z$ einen größeren oder kleineren Weg beschreiben müssen. Der Leuchtfleck erscheint also immer auf dem Leuchtschirm am hellsten, wenn am Ablenkungskondensator gar keine oder nur eine kleine Hochfrequenzspannung liegt, und wird um so dunkler, je größer die an $x$ liegenden Spannungswerte sind, da er in diesem Falle nur während der außerordentlich kurzen Zeit, während der die Hochfrequenzspannung durch Null geht, die Blende $z$ passieren kann und die Helligkeit des Leuchtfleckes wesentlich von der Zeitdauer des Einwirkens des Kathodenstrahles auf den Leuchtschirm abhängt.

Benutzt man im Empfänger für die Frequenz $n_2$ keine reine Verstärker-, sondern eine Audionschaltung, so kann für die Dauer des Auftretens von $n_2$ der Kathodenstrahl der Braunschen Röhre auch ganz oder mit verschiedenen Querschnittsbruchteilen von der Öffnung der Blende $z$ abgelenkt werden.

In jedem Falle entsprechen verschiedenen Helligkeitswerten der Sendebildelemente jeweils zugeordnete Helligkeitswerte der Empfängerbildelemente, und auf dem Empfangsleuchtschirm $w$ erscheint das auf dem Senderbildfeld $a$ befindliche Bild. Da die Bilder mit der Wechselzahl der Niederfrequenz $n_4$ sich erneuern, so können dem menschlichen Auge bewegte Bilder fernsichtbar gemacht werden.

**Patent-Anspruch.** Verfahren zur elektrischen Fernsichtbarmachung bewegter Bilder, bei welchem im Bildsender das räumliche Nebeneinander der Helligkeitswerte des Bildes periodisch in eine zeitliche Folge von Strom- oder Spannungsänderungen umgesetzt und mittels elektrischer Wellen mit oder ohne Draht zur Empfangsstelle übertragen wird, dadurch gekennzeichnet, daß im Sender eine hochfrequente Trägerwelle ($\lambda_1$) mit drei Frequenzen von den Wellenlängen ($\lambda_2$, $\lambda_3$ und $\lambda_4$) moduliert wird, von denen $\lambda_2$ eine Hochfrequenzwelle ist, welche $\lambda_1$ um ein Mehrfaches an Länge übertrifft und ihrerseits als Trägerwelle für die in Strom- oder Spannungsschwankungen übersetzten Helldunkelunterschiede dient, während durch die relativen Zeitwerte der mittelfrequenten und niederfrequenten Wellen

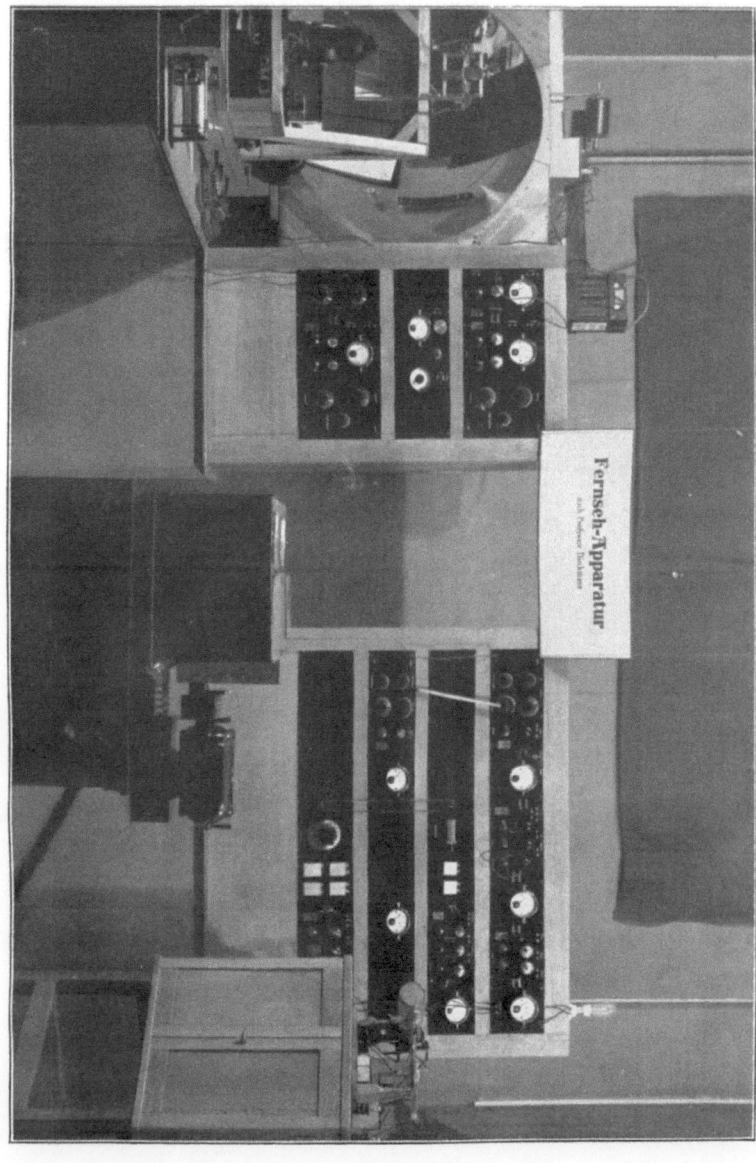

Abb. 36. Fernseh-Apparatur nach Prof. Dieckmann.

($\lambda_3$ und $\lambda_4$) gleichzeitig die Flächenkoordinaten des jeweils zu übertragenden Bildpunktes im Bildfeld des Senders und Bildfeld des Empfängers bestimmt werden."

Zur besseren Veranschaulichung bringen wir noch in Abb. 35 und 36 Abbildungen der praktischen Apparaturen.

# Schlußwort

Im Lexikon des wissenschaftlich arbeitenden Ingenieurs gibt es das Wort „unmöglich" nicht, sofern ihm die klare theoretische Einsicht die praktische Ausführbarkeit erkennen läßt. Das ist auch bei dem interessanten Problem der **technischen Radio-Television** der Fall, dessen Lösung gewiß des Schweißes der Edlen wert ist.

# Die drahtlose Telegraphie und Telephonie
## Ihre Grundlagen und Entwicklung
### Von Studienrat Dr. P. Fischer

Mit 48 Abb. im Text. (Aus Natur und Geisteswelt Bd. 822.) Geb. RM 2.—

Der Verfasser hat sich die Aufgabe gestellt, eine Darstellung der physikalischen Grundlagen, der wissenschaftlichen und technischen Entwicklung als auch der wirtschaftlichen und kulturellen Bedeutung zu geben, wie sie trotz der Überfülle der Literatur den „tätigen" wie den „nur genießenden" Radiofreunden zur allseitigen Information in der Zusammenfassung bisher noch nicht geboten war.

„Von allen Büchern, die mir über dieses Thema in die Hand gekommen sind, gefällt mir das vorliegende Bändchen am besten. Trotz der knappen Fassung ist der Inhalt klar und gut verständlich. Das Buch kann als orientierende Schrift warm empfohlen werden." (Schweiz. Blätter f. Knabenhandarbeit.)

# Drahtlose Telegraphie und Telephonie
## in ihren physikalischen Grundlagen
### Von Dr. W. Ilberg

(Mathematisch-Physikalische Bibliothek Bd. 62.) Mit 25 Fig. Kart. RM 1.20

„Wer als Neuling an das Gebiet des Radiowesens herantritt und an der Hand der einschlägigen Sonderzeitschriften dem Geschwindschritt der heutigen Entwicklung zu folgen sich bemüht, der wird im Anfang eines zuverlässigen Führers bedürfen, der ihm auf diesem anscheinend uferlosen Gebiet die erste Orientierung zuverlässig gibt. Ein solcher Führer ist das Bändchen von Ilberg. Hier ist das Kunststück fertiggebracht worden, auf 41 kleinen Druckseiten alles das zusammenzudrängen, was man unbedingt bringen muß, um das eigentliche Wesen der drahtlosen Telegraphie und Telephonie klarzulegen. Man hat den Eindruck, daß hier kein Wort zu viel, aber auch kein Wort zu wenig gesagt worden ist. Man darf daher der Darstellung von Ilberg die weiteste Verbreitung wünschen; insbesondere sollte jeder Physiklehrer es seinen Schülern empfehlen." (Zeitschrift für den math. u. naturw. Unterricht.)

**Verlag von B. G. Teubner in Leipzig und Berlin**

**Physik.** Unter Mitarbeit hervorragender Fachgelehrter herausgegeben von Hofrat Prof. Dr. *E. Lecher*, Wien. 2. Aufl. Mit 116 Abb. im Text. [VIII u. 849 S.] 4°. 1925. (Die Kultur der Gegenwart. Hrsg. von Prof. *P. Hinneberg*. Teil III, Abt. III, 1.) Geh. RM 34.—, geb. RM 36.—, in Halbleder geb. RM 40.—

**Inhalt: I. Mechanik:** E. Wiechert. **II. Akustik:** F. Auerbach **III. Wärmelehre,** E. Dorn, A. Einstein, F. Henning, G. Hettner, E. Holborn, W. Jäger, K. Przibram, H. Rubens, L. Warburg, W. Wien. **IV. Elektrizitätslehre:** F. Braun, M. Dieckmann, J. Elster, R. Gans, E. Gehrcke, H. Geitel, E. Gumlich, W. Kaufmann, E. Lecher, H. A. Lorentz, St. Meyer, O. Reichenheim, F. Richarz. E v. Schweidler, H. Starke, M. Wien. **V. Lehre vom Licht:** F. Exner, E. Gehrcke, H. A. Kramers, O. Lummer. M. v. Rohr, O. Wiener, P. Zeeman. **VI. Allgemeine Gesetze und Gesichtspunkte:** A. Einstein, F. Hasenöhrl, H. Mache, M. Planck, W. Voigt, E. Warburg.

**Physikalisches Wörterbuch.** Von Dr. *G. Berndt*, Prof. an der Techn. Hochschule Berlin. Mit 81 Fig. im Text. [IV u. 200 S.] 8. 1920. (Teubn. kl. Fachwörterb., Bd. 5.) Geh. RM 3.60

**Grundlagen der Elektrotechnik.** Von Obering. *A. Rotth*. Berlin. 3. Aufl. Mit 70 Abb. [128 S.] 8. 1920. (ANuG Bd. 391.) Geh. RM 2.—

**Physik und Kulturentwicklung** durch technische und wissenschaftliche Erweiterung der menschlichen Naturanlagen. Von Geh. Hofrat Dr. *O. Wiener*, Prof. a. d. Univ. Leipzig. 2. Aufl. Mit 72 Abb. im Text. [X u. 118 S.] 8. 1921. Geh. RM 2.80, geb. RM 4.—

**Technisch-physikalische Rundblicke.** Ausgewählte Beispiele aus der Praxis der Technischen Physik. Herausgegeben von Dr. *J. Gelfert*, Oberstudiendirekt. an dem Realgymnasium u. Realschule zu Zwickau. (K. Hahn, Physikalisches Unterrichtswerk.) [Erscheint Herbst 1926.]

**Einleitung in die Experimentalphysik.** Gleichgewicht und Bewegung. Gemeinverständlich dargestellt von Geh. Reg.-Rat Dr. *R. Börnstein*, weil. Prof. a. d. Landwirtschaftl. Hochschule Berlin. Mit 90 Abb. [IV u. 118 S.] 8. 1912. (ANuG Bd. 371.) Geh. RM 2.—

**Lehrbuch der Physik.** Von Prof. *E. Grimsehl*, weil. Dir. der Oberrealschule auf der Uhlenhorst, Hamburg. Zum Gebrauch beim Unterr., bei akad. Vorles. u. zum Selbststudium. 2 Bde. Bearb. v. Prof. Dr. *W. Hillers* in Hamburg u. Prof. Dr. *H. Starke* in Aachen. I. Bd.: Mechanik, Wärmelehre, Akustik u. Optik. 6., verm. u. verb. Aufl. Mit 1090 Fig. i. T. u. auf 2 farb. Taf. [XII u. 1142 S.] gr. 8. 1923. Geh. RM 25.—, geb. RM 28.—. II. Bd.: Magnetismus u. Elektrizität. 5. Aufl. Mit 580 Abb. i. Text. [X u. 780 S.] 1923. Geh. RM 16.60, geb. RM 19.—

**Lehrbuch der praktischen Physik.** Von Prof. Dr. *F. Kohlrausch*, weil. Präsident der physik.-techn. Reichsanstalt, Berlin. 14., stark verm. Aufl. Neubearb. von *E. Brodhun, H. Geiger, E. Giebe, E. Grüneisen, L. Holborn, K. Scheel, O. Schönrock* u. *E. Warburg*. Mit 395 Fig. im Text. [XXVIII u. 802 S.] gr. 8. 1923. Geh. RM 22.—, geb. RM 25.—

**Kleiner Leitfaden der praktischen Physik.** Von Prof. Dr. *F. Kohlrausch*, weil. Präsid. d. phys.-techn. Reichsanstalt zu Berlin. 4. Aufl. bearb. von Dr. *H. Scholl*, weil. Prof. a. d. Univ. Leipzig. Mit 165 Abb. [X u. 320 S.] gr. 8. 1921. Geh. RM 7.—, geb. RM 9.—

**Verlag von B. G. Teubner in Leipzig und Berlin**

**Physik in graphischen Darstellungen.** Von Hofrat Dr. *F. Auerbach*, Prof. an der Univ. Jena. 2. Aufl. 1557 Fig. auf 257 Tafeln. Mit erläuterndem Text. [XII, 257 Tafel- u. 30 Textseiten.] gr. 8. 1925. In Ganzl. geb. RM 14.—

**Grundriß der Astrophysik.** Eine allgemeinverständliche Einführung in den Stand unserer Kenntnisse über die physische Beschaffenheit der Himmelskörper von Prof. Dr. *K. Graff*, Observator der Hamburger Sternwarte in Bergedorf. Mit zahlreichen Tafeln und Textabbildungen. gr. 8. [U. d. Pr. 1926.]

**Theorie der Elektrizität.** Von weil. Prof. Dr. *M. Abraham*. 1. Bd.: Einführung in die Maxwellsche Theorie der Elektrizität. Mit einem einleitenden Abschnitt über d. Rechn. mit Vektorgrößen in d. Physik. V. Geh. Hofr. Dr. *A. Föppl*, weil. Prof. a. d. Techn. Hochsch. München. 7. Aufl. Mit 14 Fig. [VIII u. 390 S.] 1923. 2. Bd.: Elektromagnetische Theorie der Strahlung. 5. Aufl. Mit 11 Abb. im Text. [VIII u. 394 S.] gr. 8. 1923. Geh. je RM 13.—, geb. je RM 15.—

**Sichtbare und unsichtbare Strahlen.** Von Dr. *R. Börnstein*, weil. Prof. an der Technischen Hochschule Berlin. 3., neubearb. Aufl. von Dr. *E. Regener*, Prof. an der Technischen Hochschule Stuttgart. Mit 71 Abb. im Text. [130 S.] 8. 1920. (ANuG Bd. 64.) Geb. RM 2.—

**Die Röntgenstrahlen und ihre Anwendung.** Von Dr. med. *G. Bucky*, Berlin. 2. verm. u. verb. Aufl. Mit 95 Abb. i. T. u. auf 4 Tafeln. [IV u. 120 S.] 8. 1924. (ANuG Bd. 556.) Geb. RM 2.—

**Das Radium und die Radioaktivität.** Von Prof. Dr. *M. Centnerszwer*, Riga. 2. Aufl. Mit 33 Fig. i. T. [118 S.] 8. 1921. (ANuG Bd. 405.) Geb. RM 2.—

**Ionentheorie.** Von Dr. *P. Bräuer*, Studienrat am Realgymnasium zu Hannover. Mit 9 Fig. i. T. [IV u. 51 S.] 8. 1919. (Math.-Phys. Bibl. Bd. 38.) Kart. RM 1.20

**Ionen und Elektronen.** Von Dr. *H. Greinacher*, Prof. a. d. Universität Zürich. Mit 24 Fig. i. T. [58 S.] gr. 8. 1924. (Abhandlungen und Vorträge a. d. Gebiete d. Mathem., Naturwissenschaft u. Technik, Heft 9.) Geh. RM 2.—

**Atom- und Quantentheorie.** Von Prof. Dr. *P. Kirchberger*, Nikolassee bei Berlin. I. Teil: Atomtheorie. Mit 5 Fig. i. Text. [IV u. 49 S.] 8. 1922. II. Teil: Quantentheorie. Mit 11 Fig. i. Text. [IV u. 52 S.] 8. 1923. (Math.-Phys. Bibl. Bde. 44/45.) Kart. je RM 1.20

„Dank der sorgfältigen und klaren Darstellung stellen die beiden Hefte eine vortreffliche Einführung in die neuere Atomtheorie dar." **(Zeitschrift für analyt. Chemie.)**

**Elementarmathematik und Technik.** Eine Sammlung elementarmathematischer Aufgaben mit Beziehungen zur Technik. Von Dr. *R. Rothe*, Prof. an der Techn. Hochschule Berlin. (Math.-Physik. Bibl. Bd. 54.) Mit 70 Abb. [IV u. 52 S.] 8. 1924. Kart. RM 1.20

**Verlag von B. G. Teubner in Leipzig und Berlin**

# Mathematisch-Physikalische Bibliothek

Unter Mitwirkung von Fachgenossen herausgegeben von
**Oberstud.-Dir. Dr. W. Lietzmann** und Oberstudienrat Dr. **A. Witting**

Fast alle Bändchen enthalten zahlr. Figuren. kl. 8. Jedes Bändchen kart. RM 1.20, Doppelbändchen RM 2.40. / Bisher sind u. a. erschienen (1912/26):

Der Gegenstand der Mathematik i. Lichte ihrer Entwicklung. Von H. Wieleitner. (Bd. 50.)

Beispiele zur Geschichte d. Mathematik. Von A. Witting u. M. Gebhardt. 2. Aufl. (Bd. 15.)

Ziffern und Ziffernsysteme. Von E. Löffler. 2., neubearb. Aufl. I: Die Zahlzeichen der alten Kulturvölker. II. Die Zahlzeichen im Mittelalter und in der Neuzeit. (Bd. 1 u. 34.)

Der Begriff der Zahl in seiner logischen und historischen Entwicklung. Von H. Wieleitner. 2., durchgeseh. Aufl. (Bd. 2.)

Wie man einstens rechnete. Von E. Fettweis. (Bd. 49.)

Archimedes. Von A. Czwalina. (Bd. 64.)

Die 7 Rechnungsarten mit allgemeinen Zahlen. Von H. Wieleitner. 2. Aufl. (Bd. 7.)

Abgekürzte Rechnung. V. A. Witting. (Bd. 47)

Wahrscheinlichkeitsrechnung. V. O. Meißner. 2. Aufl. I: Grundlehr. II: Anwend. (Bd. 4 und 33.)

Die Determinanten. Von L. Peters. (Bd. 65.)

Mengenlehre. Von K. Grelling. (Bd. 58.)

Einführung in die Infinitesimalrechnung. Von A. Witting. 2. Aufl. I: Die Differential-, II: Die Integralrechnung. (Bd. 9 u. 41.)

Gewöhnliche Differentialgleichungen. Von K. Fladt. (Bd. 72.)

Unendliche Reihen. Von K. Fladt. (Bd. 61.)

Kreisevolventen und ganze algebraische Funktionen. Von H. Onnen. (Bd. 51.)

Vektoranalysis. Von L. Peters. (Bd. 57.)

Ebene Geometrie. Von B. Kerst. (Bd. 10.)

Der pythagoreische Lehrsatz mit einem Ausblick a. d. Fermatsche Problem. Von W. Lietzmann. 3. Aufl. (Bd. 3.)

Der Goldene Schnitt. Von H. E. Timerding. 2. Aufl. (Bd. 32.)

Einführung in die Trigonometrie. Von A. Witting. (Bd. 43.)

Sphärische Trigonometrie. Kugelgeometrie in konstruktiver Behandlung. Von L. Balser. (Bd. 69.)

Methoden zur Lösung geometr. Aufgaben. Von B. Kerst. 2. Aufl. (Bd. 26.)

Nichteuklidische Geometrie in der Kugelebene. Von W. Dieck. (Bd. 31.)

Einführung in die darstellende Geometrie. Von W. Kramer. I. Teil: Senkr.-Projekt. auf eine Tafel. II. Teil: Grund- u. Aufrißverfahren. Allgem. Parallelprojekt. Perspekt. [II in Vorb. 1926.] (Nr. 66/67.)

Darstellende Geometrie d. Geländes u. verw. Anwend. d. Methode d. kotiert. Projektionen. Von R. Rothe. 2., verb. Aufl. (Bd. 35/36.)

Konstruktionen in begrenzter Ebene. Von P. Zühlke. (Bd. 11.)

Einführung in die projektive Geometrie. Von M. Zacharias. 2. Aufl. (Bd. 6.)

Funktionen, Schaubilder, Funktionstafeln. Von A. Witting. (Bd. 48.)

Einführ. i. d. Nomographie. Von P. Luckey. 2. Aufl. I. Die Funktionsleiter. (Bd. 28.) II. Die Zeichnung als Rechenmaschine. (37.)

Theorie und Praxis des logarithm. Rechenstabes. V. A. Rohrberg. 3. Aufl. (Bd. 23.)

Mathem. Instrum. V. W. Zabel. I. Hilfsmittel u. Instrum. z. Rechn. II. Hilfsmitt. u. Instrum. z. Zeichnen. [U. d. Pr. 1926.] (Bd. 59 und 60.)

Die Anfertigung math. Modelle. (Für Schüler mittl. Kl.) Von K. Giebel. 2. Afl. (Bd. 16.)

Elementarmathematik u. Technik. Eine Sammlung elementar math. Aufgaben m. Bezieh. z. Technik. Von R. Rothe. (Bd. 54.)

Finanz-Mathematik. (Zinseszinsen-, Anleihe- u. Kursrechnung.) Von K. Herold. (Bd. 56.)

Riesen und Zwerge im Zahlenreiche. Von W. Lietzmann. 2. Aufl. (Bd. 25.)

Geheimnisse der Rechenkünstler. Von Ph. Maennchen. 3. Aufl. (Bd. 13.)

Wo steckt der Fehler? Von W. Lietzmann und V. Trier. 3. Aufl. (Bd. 52.)

Trugschlüsse. Gesammelt von W. Lietzmann. 3. Aufl. (Bd. 53.)

Die Quadratur d. Kreises. Von E. Beutel. 2. Aufl. (Bd. 12.)

Das Delische Problem. (Die Verdopplung des Würfels.) Von A. Herrmann. (Bd. 68.)

Mathematiker-Anekdoten. Von W. Ahrens. 2. Aufl. (Bd. 18.)

Die Fallgesetze. Von H. E. Timerding. 2. Aufl. (Bd. 5.)

Atom- und Quantentheorie. Von P. Kirchberger. (Bd. 44 und 45.)

Ionentheorie. Von P. Bräuer. (Bd. 38.)

Das Relativitätsprinzip. Leichtfaßlich entwickelt von A. Angersbach. (Bd. 39.)

Drahtlose Telegraphie u. Telephonie in ihren physik. Grundlagen. Von W. Ilberg. (62.)

Optik. Von E. Günther. [In Vorb. 1926.]

Mathem. Himmelskunde. V. O. Knopf. (63.)

*Weitere Bände befinden sich in Vorbereitung*

**VERLAG VON B. G. TEUBNER ⋆ LEIPZIG UND BERLIN**

MIX
Papier aus verantwortungsvollen Quellen
Paper from responsible sources
FSC® C105338

If you have any concerns about our products,
you can contact us on
**ProductSafety@springernature.com**

In case Publisher is established outside the EU,
the EU authorized representative is:
**Springer Nature Customer Service Center GmbH
Europaplatz 3, 69115 Heidelberg, Germany**

Printed by Libri Plureos GmbH
in Hamburg, Germany